国家自然科学基金项目(51974302)资助

徐州矿区深井开采冲击地压机理与防控成套技术

张　雷　李　兵　贺　虎　　著
罗武贤　徐大连　何　岗

U0337948

中国矿业大学出版社

·徐州·

内 容 简 介

冲击地压是煤炭深井开采面临的重大技术难题。本书立足于徐州矿区的地质与生产实践,系统分析了徐州矿区深井冲击地压的特点与控制因素,得出了徐州矿区深井开采冲击地压主控因素与类型;分析了深井开采冲击地压发生过程与动静载特征,研究了动载以及动静载耦合作用诱冲机理;介绍了徐州矿区深井开采区域防冲技术与采区防冲设计规范;介绍了徐州矿区深井震动场-应力场-能量场监测预警原理与技术,建立了张双楼煤矿冲击地压多参量综合预警云平台;提出了徐州矿区深井开采三维应力优化防冲技术,阐述了深井开采三维应力优化防冲理论与原则,开发了巷道掘进全断面三维优化防冲技术、全锚索支护技术、断层与地质构造带深孔爆破主动释能技术、巷道掘进"人造保护层"防冲技术、坚硬顶板定向高压水力致裂技术、小孔密集爆破切顶护巷防冲技术等;最后介绍了徐州矿区张双楼煤矿防冲管理技术体系。

本书可供冲击地压、矿震或其他煤岩动力灾害等领域的广大工程技术人员、科技工作者、研究生、本科生参考使用。

图书在版编目(CIP)数据

徐州矿区深井开采冲击地压机理与防控成套技术 /
张雷等著. —徐州 : 中国矿业大学出版社,2021.12
　　ISBN 978-7-5646-5258-6

　　Ⅰ. ①徐… 　Ⅱ. ①张… 　Ⅲ. ①深井—煤矿开采—冲击
地压—灾害防治 　Ⅳ. ①TD324

中国版本图书馆 CIP 数据核字(2021)第 253036 号

书　　名	徐州矿区深井开采冲击地压机理与防控成套技术
著　　者	张　雷　李　兵　贺　虎　罗武贤　徐大连　何　岗
责任编辑	赵朋举　李　敬
出版发行	中国矿业大学出版社有限责任公司
	(江苏省徐州市解放南路　邮编 221008)
营销热线	(0516)83884103　83885105
出版服务	(0516)83995789　83884920
网　　址	http://www.cumtp.com　**E-mail**:cumtpvip@cumtp.com
印　　刷	江苏苏中印刷有限公司
开　　本	787 mm×1092 mm　1/16　**印张** 13　**字数** 316 千字
版次印次	2021 年 12 月第 1 版　2021 年 12 月第 1 次印刷
定　　价	65.00 元

(图书出现印装质量问题,本社负责调换)

前　言

　　我国埋深在 1 000 m 以下的煤炭资源占已探明煤炭资源的 50％以上,深部开采是我国煤炭工业发展的必然趋势。进入千米以下深部开采,以矿震、冲击地压、煤与瓦斯突出等为代表的动力灾害发生频度与致灾烈度呈急剧上升态势,严重制约着深部煤炭资源的安全高效开采。冲击地压是煤矿开采空间围岩突然破坏,释放大量能量的一种强烈动力现象,具有突发性、瞬时震动性、巨大破坏性和复杂性的特点。近年来,千米矿井密集发生了多起冲击地压事故,对此,党和国家领导人高度重视,多次批示要深入研究并切实解决冲击地压的源头治理问题。

　　徐州矿务集团有限公司(以下简称"徐矿集团")是具有 130 余年开采历史的国有特大型煤炭企业,我国井工开采历史最长的煤炭生产企业之一,江苏省唯一的大型煤炭和能源化工生产基地。由于开采深度大,徐州矿区历史上深受冲击地压灾害的影响,但经过近 20 年的探索与科技创新,徐矿集团在冲击地压防控领域取得了显著效果,形成了具有徐矿特色的深井开采冲击地压防控成套技术体系。在与全国科研院所、高校合作的基础上,揭示了深井开采冲击地压灾害形成的动静载叠加效应,进而提出了深井开采冲击地压动静载叠加诱冲理论。在该理论的指导下,结合徐州矿区地质与生产技术条件,建立了震动-应力监测预警方法与系统,开发了三维应力优化的防冲技术体系,制定了完善的防冲管理制度,为冲击地压矿井深部安全开采奠定了基础。

　　全书共分 9 章。第 1 章介绍了冲击地压的定义与特点,对相关概念与术语进行了分析,综述了国内外冲击地压发展历史与研究现状。第 2 章研究分析了徐州矿区深井冲击地压的特点与控制因素,得到徐州矿区深井冲击地压主控因素与冲击地压类型。第 3 章理论研究了深井冲击地压机理,分析了深井冲击地压发生过程与动静载特征,研究了动载以及动静载耦合诱冲机理。第 4 章介绍了徐州矿区深井开采区域防冲技术与采区防冲设计规范,提出了深部多煤层采区防冲开采方案。第 5 章介绍了徐州矿区深井震动场-应力场-能量场监测预警原理与技术。第 6 章介绍了徐州矿区深井冲击地压危险监测远程互联平台建设,基于多参量智能预警技术,建立了张双楼煤矿冲击地压多参量综合预警云平台。第 7 章介绍了徐州矿区深井开采三维应力优化防冲技术,阐述了深井开采三维应力优化防冲理论与原则,开发了巷道掘进全断面三维优化防冲技术、全锚索支护技术、断层与地质构造带深孔爆破主动释能技术、巷道掘进"人造保护层"防冲技术、坚硬顶板定向高压水力致裂技术、小孔密集爆破切顶护巷防冲技术等,并以张双楼煤矿为例,介绍了防冲技术参数与实施过程。第8章介绍了徐州矿区防冲技术管理体系。第9章为结论。

本书在编写过程中参阅了大量的国内外有关冲击地压的专业文献,在此谨向文献的作者表示感谢。徐矿集团冲击地压防治工作得到了国内外科研院所与专家学者的理论与技术支持,衷心感谢何满潮院士、袁亮院士、窦林名教授、潘一山教授、姜福兴教授、齐庆新研究员、潘立友教授、潘俊锋研究员、张志高研究员级高工、牟宗龙教授、曹安业教授、赵善坤研究员、巩思园副研究员、何江副教授、蔡武副教授、李许伟副教授、李小林副教授、王强副教授的指导。衷心感谢中国矿业大学-安徽理工大学冲击地压防治工程研究中心、江苏省矿山地震监测工程实验室、江苏省煤矿冲击地压防治工程技术研究中心、徐州弘毅科技发展有限公司的研究人员对徐矿集团冲击地压防治工作的技术支持。本书的出版离不开徐矿集团领导的鼓励与支持,在此表示衷心感谢!感谢硕士研究生李昱江、杜伟乾、李祺隆、沈礼明、赵俊明、程如意,他们在书稿的文字录入、绘图、排版和校对等方面付出了辛勤劳动,使得本书得以尽快出版与大家见面。

冲击地压是煤矿安全开采面临的重大技术难题,且受作者水平所限,书中难免存在疏漏之处,敬请广大读者不吝指正。

著 者

2021 年 10 月

目　录

目　录

1 冲击地压概述

1.1 冲击地压的定义与特点

冲击地压是指煤矿井巷或工作面周围煤(岩)体由于弹性变形能的瞬时释放而产生的突然、剧烈破坏的动力现象,常伴有煤(岩)体瞬间抛出、强烈震动、巨响及气浪等。冲击地压是煤炭开采过程中出现的典型煤岩动力灾害之一,也是一种特殊的矿山压力显现形式。

冲击地压具有如下典型特征:

(1) 突发性。冲击地压发生前一般无明显的宏观前兆,冲击过程短暂,持续时间几秒到十几秒,所以,难于事先准确确定其发生的时间和地点。根据统计,绝大部分冲击地压发生在巷道中,且多发生在回采期间的超前巷道内,通常在超前工作面 0~90 m 范围内;冲击地压发生后,煤壁大范围片帮,煤从煤体中抛出,底板突然鼓起等。

(2) 瞬时震动性。冲击地压是弹性能急剧释放的过程,一部分能量以震动波形式传播,造成巨大的声响和强烈的震动,震动波及范围可达几千米甚至几十千米。

(3) 巨大破坏性。冲击地压发生时,往往造成煤壁片帮、底板突然开裂鼓起甚至接顶,有时顶板瞬间下沉,但一般并不垮落;冲击地压可瞬间造成上百米巷道的破坏,破坏性巨大。

(4) 复杂性。在各种地质和生产技术条件下均发生过冲击地压,影响冲击地压发生的因素众多,原理与机理复杂,主要表现在所有的煤种,开采深度由浅到深(最浅小于150 m,最深大于 1 400 m),地质构造从简单到复杂,煤层厚度由薄、中厚、厚到特厚,煤层倾角从近水平、缓倾斜、倾斜到急倾斜,顶板岩性从砂岩、灰岩、砾岩到页岩、油页岩等,采煤方法从水采、炮采、普采、综采到综采放顶煤等,采空区处理方法从全部垮落法到水力充填法等均发生过冲击地压。

冲击地压除了自身的严重危害外,还可能引发其他矿井灾害,比如瓦斯和煤尘爆炸、火灾以及水灾,干扰通风系统,强烈的冲击地压还会造成地面建筑物的破坏和倒塌等。2005 年 2 月 14 日,阜新矿业(集团)有限责任公司孙家湾煤矿海州立井发生一起冲击地压导致的特别重大瓦斯爆炸事故,造成 214 人死亡,30 人受伤,直接经济损失4 968.9 万元。该事故的直接原因是:冲击地压造成 3316 工作面风道外段大量瓦斯异常涌出,3316 工作面风道里段掘进工作面局部停风造成瓦斯积聚、瓦斯浓度达到爆炸界限;工人违章带电检修临时配电点的照明信号综合保护装置,产生电火花引起瓦斯爆炸。因此,冲击地压是煤矿重大灾害之一,是影响我国深部煤炭资源安全开采的重大矿井灾害,是煤炭资源可持续发展面临的头等难题。冲击地压的预测与治理将成为

21 世纪井工开采与岩石力学领域亟待解决的主要难题之一。

1.2 相关概念与术语

对于矿山动力现象,不同领域对其的称谓是不一样的,煤矿领域常称之为"冲击地压",非煤矿山、水利隧道等岩土工程领域称之为"岩爆"。英语一般将其表述为"rock burst""coal burst""coal bump"等。巷道掘进和工作面采煤都要破坏煤岩体,随着采空区面积的增加,顶板破断、垮落,上覆岩层破断运动,直至地表。煤岩体在破坏、破断运动过程中,会产生弹性波并向外传播。这些弹性波根据能量与频率不同,被分别称为地音(声发射)和微震、煤炮、矿震等。

1.2.1 地音(声发射)

地音(声发射)是指煤岩体在变形过程中,局部区域应力集中,产生突然的破坏,从而向周围发射弹性波的现象,其震动频率一般处于 $100 \sim 2\,000$ Hz 范围,震动能量一般小于 100 J。由于其震动频率位于声波的震动频率范围内,故把这种煤岩体的破裂等现象称为地音。

1.2.2 微震

微震是频率小于 150 Hz,能量一般大于 100 J 的低频震动现象,频率范围、能量范围与地音(声发射)有部分重叠,但能量上限显著高于地音。微震事件的能量范围很广,取决于煤岩体破裂范围与尺度;微震对采掘工作面造成的影响也不尽相同,与震动能量传播、煤岩体的动力响应有关。

1.2.3 煤炮

煤炮是微震事件中造成明显声响与震动,有时产生煤尘,但没有煤岩体向已采空间抛出的现象。

1.2.4 矿震

广义的矿震即矿山震动,与微震含义相同。狭义的矿震是指矿山开采引起的地震活动,是微震事件中能量较高的部分,一般会造成地表震感;主要由煤体的大范围失稳、坚硬厚层岩层的破断运动、断层的滑移与运动造成。本书中矿震指广义矿震,狭义矿震称为矿区地震。

1.2.5 岩爆

岩爆是非煤矿井或隧道工程的围岩或岩柱破坏、碎化发生崩出或弹射的现象,伴随能量的猛烈释放。岩爆发生的机制为,开挖卸荷或动力作用诱发围岩中应力场变化,或直接导致围岩的破坏碎化和弹射,或通过围岩中的已有断层和结构面滑移(活化)或新结构面滑移引起围岩破坏和弹射。岩爆一般分为应变型岩爆、滑移型岩爆及剪切型岩爆等 3 类。

1.2.6 冲击地压

冲击地压是指煤矿井巷或工作面周围煤(岩)体中积聚的弹性能在动力扰动下瞬时释放而产生的突然、剧烈破坏的动力现象,常伴有煤(岩)体瞬间抛出、强烈震动、巨响及气浪等。

研究表明,煤矿开采区域内的矿震都是由开采活动引起的;每个能量等级每年出现的矿震次数是不同的。能量级别越低,矿震出现的频次就越多;能量级别越高,矿震出现的频次就越少。冲击地压的发生和煤岩体内的矿震有很密切的关系,发生冲击地压的可能性和震动能量的大小有很大的关系。震动能量越大,发生冲击地压的可能性就越大。统计分析表明,发生冲击地压的最小能量等级为 1×10^4 J;随着能量等级的加大,冲击地压发生的可能性也提高;当震动能量达到 4×10^8 J 以上时,几乎每一次矿震都会造成冲击地压灾害。

　　图 1-1 为地震、矿震(微震)、地音(声发射)之间的频率关系,图 1-2 为地音、矿震、冲击地压之间的关系,图 1-3 为某矿矿震、冲击地压的频次与能量之间的关系。矿震频次与矿震能量之间可用下式表示:

$$\lg n = a \lg E + b \tag{1-1}$$

式中　n——矿震的频次;

　　　　E——矿震的能量;

　　　　a,b——系数。

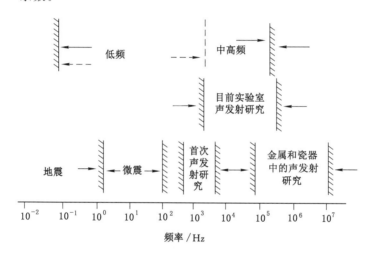

图 1-1　地震、矿震(微震)、地音(声发射)之间的频率关系

图 1-2　地音、矿震、冲击地压之间的关系

　　由图 1-1、图 1-2 可见,冲击地压是矿山震动的一种表现形式。矿震是矿山采掘工程中发生的震动事件,而冲击地压是在采掘空间中造成破坏性和灾害性的一类矿震;本质上,矿震是煤岩体内发生的动力现象,而冲击地压是动力现象在支护工作空间内产生的破坏结果。因此,造成巷道破坏、设备损坏、人员伤亡的矿震事故就是冲击地压。冲击地压

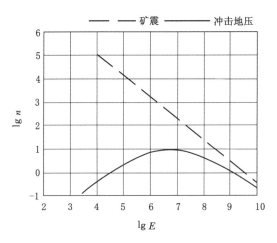

图 1-3 矿震和冲击地压的频次与能量之间的关系

发生时,伴随着巷道的变形及动力显现,所以一定伴随有矿震现象。反过来,并不是每一次矿震都会造成冲击地压灾害。

因此,矿震和冲击地压的基本关系是:冲击地压是矿震的事件集合之一;冲击地压是煤岩体震动集合中的子集;每一次冲击地压的发生都伴随着煤岩体震动,但并非每一次煤岩体震动都会引发冲击地压。

1.3 国外冲击地压发展历史

全球第一次记载的冲击地压于 1738 年发生在英国的 South Stanford 煤田。自那时起至今 200 多年来,冲击地压几乎遍布世界各采矿国家,包括英国、德国、南非、波兰、苏联、捷克、加拿大、日本、法国及中国等 20 多个国家和地区。全球震级最大的冲击地压是于 1989 年 3 月 13 日发生在德国 Merker 附近的一起矿井开采导致的冲击地压,并引起局部地震,震级 5.4 级,造成地面 3 人受伤和部分建筑物损坏;造成人员伤亡最多的冲击地压事故于 1960 年发生在南非的 Coalbrook North 煤矿,5 min 内造成 4 000 个房柱破坏,20 min 内造成 7 000 个房柱破坏,破坏面积达 300 万 m^2,伤亡人数达 437 人。

1.3.1 苏联

苏联 1947—1970 年共发生冲击地压 675 次,最早的冲击地压于 1947 年发生在吉谢罗夫矿区。发生冲击地压的一般条件是:初始深度为 400 m,煤厚 0.5~20 m,在各种倾角、各个煤种(包括褐煤)中都记录到冲击地压现象。多数情况下煤层顶板为坚硬砂岩,也有一些煤田煤层顶板破碎。开采技术条件涉及刀柱式或长壁式等开采方法,充填法或垮落法等顶板管理方法,整层或分层开采情况。

1.3.2 波兰

波兰有 3 个井工开采煤田:上西里西亚煤田、下西里西亚煤田和鲁布林煤田。其煤炭产量的 98% 来自上西里西亚煤田。该煤田煤的单轴抗压强度为 10~35 MPa,煤厚 0.5~20 m (一般 1.5~3.5 m),倾角 0°~45°(一般 5°~15°),平均开采深度 600 m,顶板大都为坚硬砂岩。长壁工作面开采产量占99%,其中70%为垮落法开采,其余为水砂充填法开采。工作面平均长150 m,日产1 300～1 400 t商品煤。机械化程度96.2%,其中综采占83.7%。

冲击地压是波兰煤矿重大灾害之一,最早记载发生在1858年的Fanny煤矿。1982年,波兰全国67个煤矿中有36个存在冲击地压危险,产量占55%以上。上西里西亚煤田400号、500号、600号、700号和800号煤层组中45%以上的煤层有冲击倾向性,其中500号煤层组最为严重。开始发生冲击地压灾害的平均开采深度约为400 m,随着开采深度的增加,冲击地压危险越来越严重。冲击地压发生时,其能量一般为10^5～10^9 J,最大为10^{11} J。1949—1982年,共发生破坏性冲击地压3 097次,造成死亡401人,井巷破坏12万 m。2018年5月5日10时58分发生在Zofiówka煤矿的冲击地压事件,造成5人死亡、2人轻伤。

1.3.3　德国

鲁尔矿区是德国的主要产煤区,也是发生冲击地压的主要矿区。该矿区1910—1978年间共记载了危害性冲击地压283次,有冲击倾向性或危险性的煤层20余层,其中,底克班克、阳光和依达煤层具有最强的冲击倾向性,其单轴抗压强度10～20 MPa,煤种为长焰煤、气煤和肥煤等。冲击地压发生深度590～1 100 m,其中,850～1 000 m深度范围内冲击地压数占75%左右,最大抛出体积达2 000 m^3。发生冲击地压的煤厚为1～6 m,其中主要为1.5～2.0 m,倾角4°～44°。在德国,发生冲击地压的煤层顶板绝大部分是5～40 m厚的砂岩或其他坚硬岩层,因而,一般认为砂岩顶板是有冲击地压危险煤层的主要标志。

1.3.4　美国

据不完全统计,美国1936—1993年共发生172次冲击地压,导致87人死亡,163人受伤。其中,61%的冲击地压事件发生在矿柱回收期间,25%发生在工作面回采期间,剩下14%发生在掘进期间;65%的冲击地压事件发生在西弗吉尼亚州、弗吉尼亚州和肯塔基州,其余主要发生在科罗拉多州(占比17%)和犹他州(占比15%)。随后,Christopher于2016年更新了1994—2013年美国的冲击地压事件记录,在此期间,共记录140次冲击地压事件,导致5人死亡。2014年,西弗吉尼亚州发生的一次冲击地压事件导致2名矿工死亡。张呈国等人于2017年统计分析发现,美国在1905—2014年间共发生492次岩爆事件,导致132名工人死亡。

1.3.5　澳大利亚

冲击地压对澳大利亚来说相对较新。2014年,澳大利亚新南威尔士州Austar煤矿首次正式记录冲击地压,造成2名矿工死亡;2016年,该矿再次发生冲击地压,造成2名矿工受伤。

1.3.6　其他国家

斯洛文尼亚Velenje煤矿自生产初期就遭受冲击地压和煤与瓦斯突出的影响,如1994年9月2日发生在Pesje矿区的冲击地压事件,造成1名矿工死亡和2名矿工受伤;2003年发生的一次严重煤与瓦斯突出事故造成2名矿工死亡,经济损失达450万欧元;2013年10月15日发生的冲击地压和煤与瓦斯突出事故造成7名矿工受伤;2018年3月和4月连续发生2次冲击地压显现,造成工作面停产。

捷克共和国1930—2015年共记录超过470次冲击地压事件,造成约75名矿工死亡。在印度,只有Dishergarh煤层易发生冲击地压,近年来通过对其他可能发生冲击地压的煤层进行调查,发现开采深度是造成冲击地压发生的主要原因。此外,乌克兰、土耳其、哈萨克斯坦等国家也报道了有关冲击地压、煤与瓦斯突出事故。

综上所述,世界采矿业发生冲击地压的历史已超过 280 年。近 30 年来,冲击地压所造成的破坏后果日益严重,引起了各国的注意。冲击地压已成为岩石力学学科中与现代科学联系最密切的一个独立的分支。

1.4　我国冲击地压的发展趋势

我国煤矿冲击地压灾害极为严重。最早记录的冲击地压于 1933 年发生在抚顺胜利煤矿。自那时以来,我国东部、东北、西南、西北、北部等矿区的所属煤矿相继发生过冲击地压现象。我国震级最大的冲击地压于 2004 年 6 月 26 日发生在木城涧煤矿,震级达 4.3 级,破坏巷道 500 m;诱发次生灾害最大的冲击地压于 2005 年 2 月 14 日发生在孙家湾煤矿,其诱发的"2·14"特大瓦斯爆炸事故造成 214 人死亡,30 人受伤,直接经济损失达 4 968.9 万元。

我国最早记录的冲击地压现象于 1933 年发生在抚顺胜利煤矿,当时开采深度在200 m 左右,开采深度较浅,开采强度不高。

从 1949 年中华人民共和国成立到 1978 年改革开放期间近 30 年,只有为数不多的几个煤矿发生过冲击地压事故,且多数冲击地压是由顶板的坚硬和不及时垮落而导致高应力集中造成的,冲击地压的现象和发生条件远没有被人们所认识。

进入 20 世纪 80 年代,随着矿井开采深度的增加和采掘范围的扩大,到 1985 年我国发生过冲击地压的矿井数量达到 32 个,主要产煤省都有冲击地压矿井。

进入 20 世纪 90 年代,随着开采深度和采高的不断增大,多个煤矿发生冲击地压事故,加上煤炭形势的持续走低,煤矿对冲击地压防治工作的投入明显不足,冲击地压防治工作完全处于被动状态。

进入 21 世纪,煤炭行业逐渐从低谷中走出,并且随着煤矿开采技术的不断提高,相关采掘支护设备的性能得到了很大改善,采煤工作面的开采强度显著提高,因而发生冲击地压的矿井数量显著增多。

近 10 年来,随着我国东部煤炭开采向深部转移和煤炭开发向西部转移,东部的黑龙江省和山东省成为我国冲击地压的重灾区,西部的陕西省和内蒙古自治区不断有新的冲击地压矿井出现,多数矿井受到冲击地压的影响。

目前,我国主要产煤基地均有冲击地压灾害发生,已有近 200 对冲击地压矿井,并且呈快速上升趋势,见图 1-4。

冲击地压是煤矿煤岩动力灾害之一,近年来,随着开采深度和开采强度的增加,重特大冲击地压事故时有发生。以下是近年来发生的 10 起重特大冲击地压事故案例。

(1) 唐山煤矿"8·2"冲击地压事故。发生时间:2019 年 8 月 2 日;事故位置:F5010工作面联络巷;巷道埋深:760 m;矿震震级:2.0 级;破坏范围:共计 110 m,其中,F5010 工作面联络巷 40 m 范围帮鼓 1.0 m、底鼓 1.5 m,F5009 工作面刮板输送机巷 70 m 范围帮鼓 2.0 m、底鼓 1.5 m。

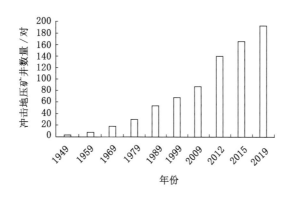

图 1-4 我国冲击地压矿井的增长趋势

（2）龙家堡煤矿"6·9"冲击地压事故。发生时间：2019 年 6 月 9 日 19 时 48 分；发生地点：305 工作面运输顺槽；微震能量：1.5×10^8 J；矿震震级：2.3 级；破坏范围：运输顺槽自工作面向外 220 m，严重破坏段长度达 170 m。

（3）龙郓煤业有限公司"10·20"冲击地压事故。发生时间：2018 年 10 月 20 日；事故地点：1303 工作面泄水巷及 3 号联络巷；事故位置埋深：1 027～1 067 m；微震能量：2.2×10^6 J；破坏范围：1303 工作面泄水巷及 3 号联络巷破坏长度达 348 m，严重破坏段长度达 198 m。

（4）红阳三矿"11·11"冲击地压事故。发生时间：2017 年 11 月 11 日；发生地点：702 工作面回风顺槽；矿震震级：2.4 级；破坏范围：702 工作面前方回风顺槽约 220 m 巷道，其中，严重破坏段长度达 154 m，近 20 m 巷道闭合。

（5）担水沟煤业有限公司"1·17"冲击地压事故。发生时间：2017 年 1 月 17 日；事故位置：4003 工作面运输顺槽；巷道埋深：400 m；破坏范围：200 m，其中，严重破坏段长度达 105 m。

（6）耿村煤矿"12·22"冲击地压事故。发生时间：2015 年 12 月 22 日。事故导致 13230 采煤工作面下安全出口以外 160 m 巷道变形或收缩。

（7）千秋煤矿"3·27"冲击地压事故。发生时间：2014 年 3 月 27 日 11 时 18 分；事故地点：21032 工作面回风上山西翼 128 m；事故位置埋深：476 m；微震能量：1.0×10^7 J；矿震震级：2.7级；破坏范围：回风上山 128 m，其中，72 m 巷道基本闭合。

（8）峻德煤矿"3·15"冲击地压事故。发生时间：2013 年 3 月 15 日 5 时 20 分；事故地点：三水平北 17 层三四区一段工作面上下两巷；事故位置埋深：550 m；矿震能量：4.6×10^6 J；矿震震级：2.47 级；破坏范围：工作面上下两巷及上下端头部分共 200 m。

（9）五龙煤矿"1·12"冲击地压事故。发生时间：2013 年 1 月 12 日 22 时 30 分；事故地点：3431B 综放面运输顺槽掘进工作面至向外 57 m；事故位置埋深：825 m。

（10）千秋煤矿"11·3"冲击地压事故。发生时间：2011 年 11 月 3 日 19 时 18 分；事故地点：21221 工作面下巷；事故位置埋深：800 m；微震能量：4.0×10^8 J；矿震震级：2.9 级；破坏范围：21221 工作面下巷 420 m，其中，严重破坏段长度达 350 m，180 m 范围巷道基本闭合。

为了更好地掌握冲击地压发生的规律,对我国发生的冲击地压进行了文献统计与总结。统计分析表明:冲击地压诱发成因是多尺度、多因素、多形式的,与区域范围内断层、褶曲等地质活动和构造应力场有关(如兖州矿区、华亭矿区等),或由采掘面厚硬覆岩破断运动(如兖州鲍店煤矿、新汶华丰煤矿、义马矿区等)、开采布局、煤柱留设不合理(如义马常村煤矿等)等引起的高应力集中及工程爆破(如京西木城涧煤矿、华亭矿区等)所诱发,是动静载叠加的结果。

1.5 冲击地压国内外研究现状

1.5.1 冲击地压机理的研究

冲击地压发生机理,也就是冲击地压发生的原因、条件、机制和物理过程。具有代表性的机理有强度理论、刚度理论、能量理论、冲击倾向性理论、"三准则"理论、扰动响应失稳理论、"三因素"理论、动静载叠加诱冲理论等。

(1)强度理论:认为井巷和采场周围产生应力集中,当应力达到煤岩强度的极限时,煤岩突然发生破坏,形成冲击地压。

(2)刚度理论:认为矿山结构的刚度大于矿山负荷系统的刚度是发生冲击地压的必要条件。

(3)能量理论:认为当矿体与围岩系统的力学平衡状态破坏后释放的能量大于消耗的能量时,就会发生冲击地压。

(4)冲击倾向性理论:认为煤岩介质产生冲击破坏的能力称为冲击倾向性。由此,可利用一些试验或实测指标对发生冲击地压可能程度进行估计或预测。当煤岩介质实际的冲击倾向性大于规定的极限值时,就存在发生冲击地压的可能性。

(5)"三准则"理论:将强度理论提出的强度准则看作煤岩发生破坏的判据,作为必要条件;把能量理论和冲击倾向性理论提出的准则作为煤岩突然破坏的充分条件。

(6)扰动响应失稳理论:认为冲击地压是煤岩介质受采动影响而产生应力集中,当高应力区的局部形成应变软化与未形成应变软化的煤岩介质处于非稳定平衡状态时,在外界扰动下的动力失稳过程。

(7)"三因素"理论:认为冲击地压发生的过程是煤岩层受力的瞬间黏滑过程,是煤岩层满足剪切强度准则而突然滑动并在滑动过程中伴随着动能释放的动力过程,即内在因素(煤岩的冲击倾向性)、力源因素(高度的应力集中或高变形能的储存与外部的动态扰动)和结构因素(具有软弱结构面和易于引起突变滑动的层状界面)是导致冲击地压发生的最主要因素。

(8)动静载叠加诱冲理论:认为采掘空间周围煤岩中的静载与矿震形成的动载叠加,当叠加载荷超过了煤岩冲击的临界载荷时,煤岩就会瞬间动力破坏,发生冲击地压;并通过理论研究动载与静载叠加诱发冲击地压的能量和应力条件,系统地提出了动静载叠加诱发冲击地压的理论。当叠加载荷接近煤岩强度时,单轮或多轮动载作用可诱发煤岩冲击破坏;当叠加载荷远小于煤岩强度时,多轮动载虽然能使煤岩产生损伤,但难以诱发冲击破坏。

1.5.2　冲击地压的分类

依据动静载叠加诱冲理论,根据冲击地压发生的力源和能量释放的主体,可将冲击地压分为静载型、动载型、动静载叠加型;根据动静载的来源与主控因素,可将冲击地压分为煤柱压缩型、顶板破断型、褶曲构造型和断层活化型。

此外,我国对冲击地压的分类还有以下几种:

(1) 根据应力种类和加载方式的不同,将冲击地压分为重力型、构造型、震动型和综合型。

(2) 根据诱发冲击的能量来源的不同,将冲击地压分为煤体压缩型、顶板断裂型和断层错动型。

(3) 根据能量释放的主体,将冲击地压分为煤柱型、顶板型和构造型。

(4) 根据材料和结构失稳形式的不同,将冲击地压分为材料失稳型、结构失稳型和滑移错动失稳型。

(5) 根据震级和抛出的煤量,可将冲击地压分为轻微冲击地压(抛出煤量 10 t 以下,震级 1 级以下的冲击地压)、中等冲击地压(抛出煤量 10~50 t,震级 1~2 级的冲击地压)、强烈冲击地压(抛出煤量 50 t 以上,震级 2 级以上的冲击地压)等。

1.5.3　冲击地压的监测

目前,冲击地压危险的监测预警方法主要有采矿方法、采矿地球物理方法、多参量综合监测预警方法等 3 大类。

(1) 采矿方法,包括根据采矿地质条件确定冲击地压危险性的钻屑法、综合指数法、煤岩层冲击倾向性分类法和数值模拟分析法等。

① 钻屑法:又名煤粉钻孔法,是通过在煤层中打直径 42~50 mm 的钻孔,根据排出的煤粉量及其变化规律和有关动力效应鉴别冲击危险性的一种方法。

② 综合指数法:是综合考虑影响冲击地压发生的地质因素和开采因素,形成综合指数来判别冲击危险性的一种早期预测和评价方法。

③ 煤岩层冲击倾向性分类法:是主要采用冲击能量指数、弹性能量指数、动态破坏时间、单轴抗压强度等 4 个指标来确定煤的冲击倾向性,采用弯曲能量指数来确定顶板冲击倾向性的方法。

④ 数值模拟分析法:是采用计算机技术进行地质开采情况的模拟分析,确定采掘过程中的应力场分布状态和应力场演化规律,掌握应力的大小和集中程度,分析冲击危险性的程度和区域的一种方法。

⑤ 应力监测法:是通过监测煤岩体中的应力及变化趋势,来确定冲击地压危险性的一种监测方法。

⑥ 工作面支架阻力监测法:是通过监测采煤工作面液压支架的工作阻力及变化情况,来确定工作面的来压规律及冲击地压危险性的一种方法。

(2) 采矿地球物理方法,包括微震法、声发射、电磁辐射法等。

① 微震法:微震法就是通过记录矿震的能量,来确定和分析震动的方向,对震中定位来评价和预测矿山动力现象。具体地说,微震法就是通过记录震动的地震图,来确定已发生的震动参数,例如震动发生的时间、震中的坐标、震动释放的能量等,以此为基础,进行

震动危险性的预测预报,如预报震动能量大于给定值的平均周期,在时间 T 内震动能量小于或等于给定值的概率,该区域内震动的危险性及其他参数。

② 声发射法:声发射是在采掘条件下,煤岩体受力变形过程中以较高频率应力波形式释放变形能所产生的声学效应,也称为地音。煤岩体破坏的不稳定阶段是煤岩体中裂缝扩展的结果,而声发射现象则是微扩张(煤岩体中出现的破裂和零星裂隙、裂缝)超过界限的表征,该现象的进一步发展则表现为煤岩体的最终宏观破坏。根据矿山压力理论可知,煤岩体的宏观破坏最终会引发高能量的震动,对巷道的稳定造成威胁,也可能引发冲击地压。

③ 电磁辐射法:煤岩在变形破裂过程中将释放电磁辐射,电磁辐射和煤岩的应力状态及变形破裂程度有关,应力高时电磁辐射信号就强,频率就高,应力越高,则冲击危险性越大。电磁辐射强度和脉冲数两个参数综合反映了煤体前方应力的集中程度和煤岩变形破裂的剧烈程度。

(3)多参量综合监测预警方法,就是以综合指数法、震动波 CT、微震、声电一体化监测及应力监测为基础,建立的矿井探测评价→区域预测→局部预警的冲击地压危险综合监测预警方法。

这种方法就是以综合指数法来评估矿井范围冲击危险,以震动波 CT 来探测评价矿井采掘范围冲击危险与分区分级,确定重点区域;依据震动波 CT 和冲击变形能以及多参量对重点区域冲击危险进行区域预测,进一步确定局部危险区域和冲击危险类型;利用声电一体化监测和应力监测技术对局部危险区域进行即时预警和检验,并通过监测预警云平台,实现冲击危险空间分区、危险分级、自主判识、实时预警与远程专业化监控。

1.5.4 冲击地压的防治

冲击地压的防治主要从区域防范和主动解危两方面进行。

(1)区域防范:开采保护层,即先开采无冲击危险的煤层,或在进行开采设计时,选择合适的开采顺序、开采方法和开采工艺,力争消除发生冲击地压的因素。

(2)主动解危:措施包括卸压爆破、煤层注水、钻孔卸压、顶板预裂等。

① 卸压爆破:在可能发生冲击地压的煤岩体区域,通过爆破松动煤岩体的方法来达到卸压效果,减少对巷道的压力。

② 煤层注水:在高压水流的冲击下将水流导入待卸载压力区域,使煤体逐渐龟裂,产生较大裂隙、完整性破坏、脆性减弱、塑性增强,从而改变煤体的物理力学性质,降低应力集中程度和冲击倾向性。

③ 钻孔卸压:在煤岩层中打钻孔,通过钻孔变形来实现卸压。

④ 顶板预裂:采用一定的方式将顶板破断,降低其强度,释放因压力而积聚的能量,从而减少顶板的破断对煤层和支架的冲击震动等。

1.6 本书研究内容及方法

徐州矿务集团有限公司(以下简称"徐矿集团")是具有 130 余年开采历史的国有特大型煤炭企业,我国井工开采历史最长的煤炭生产企业之一,江苏省唯一的大型煤炭和能源化工生产基地。目前,徐矿集团本部各矿井相继进入千米以下深部开采阶段。进入千米深井开采后,生产和地质条件不断恶化,各种灾害频发,其中,治理难度最大、对矿井安全生产潜在破坏最严重的灾害为冲击地压、矿震等煤岩动力灾害。本书立足于徐州矿区的地质与生产实践,系统性分析与总结了徐州矿区深井开采冲击地压发生机制与防控技术,形成了具有徐矿特色的深井开采冲击地压防控成套技术体系,具体包括以下内容。

(1)徐州矿区千米深井冲击地压的特点与影响因素分析。

徐州矿区本部各矿井基本处于同一构造单元内,其采煤方法具有一定的相似性,在地理位置、地质构造、生产技术条件、矿压显现特征上形成了具有一定共性的徐州矿区深井模式。因此,研究徐州矿区深井冲击地压的特点、控制因素、机理,探索适合徐州矿区的深井冲击地压预测、防治以及管理方法,能够极大地提高防冲效率,做到有的放矢,保证矿区的绿色安全开采与可持续发展。

(2)千米深井多层覆岩空间结构模型及对冲击地压的影响。

开采深度的增大意味着基岩厚度的增加,从而导致深部开采覆岩关键层层数一般多于浅部开采,深部开采覆岩主关键层位置距开采煤层的距离一般大于浅部开采。正是深部开采覆岩主关键层位置的改变和覆岩关键层层数的增多导致了深部与浅部开采覆岩空间结构的差异。研究千米深井多层覆岩空间结构的模型与特征,对于判断工作面覆岩空间结构、预测覆岩破断对工作面煤体的冲击作用具有重要意义。

(3)徐州矿区千米深井冲击地压机制研究。

进入千米深井开采后,煤岩体的动力响应呈现典型的非线性特征,用浅部传统的冲击地压理论已经不能很好地解释深部冲击地压发生机理,而冲击地压机制则是进行冲击危险评价、监测体系建立、预警模型建立以及防控技术选择的理论依据。因此,建立徐州矿区千米深井冲击地压诱发机制模型,研究其发生过程、建立冲击地压发生的判据函数对于揭示深部煤岩体动力破坏特征具有重要意义。

(4)徐州矿区千米深井开采采区布置防冲设计规范。

冲击地压的防治是整个矿压研究体系中最重要的一环。在有冲击地压危险的采掘工作面,将矿井规划与设计时进行提前防范作为矿压防治工作的重点,再配合监测手段,及时掌握矿压显现规律,并对有冲击预兆的区域采取及时的解危措施,才能保证生产的安全。冲击地压的防范主要是在矿井系统建设与设计时采取合理的开拓布置和开采方式。为加强徐州矿区千米深井冲击地压防治工作,根据徐矿集团所属煤矿已经发生的冲击地压事故和各矿的地质、开采条件,编制适应徐矿集团所属煤矿的采区冲击地压防治设计规范,指导徐州矿区千米深井科学有序地高效开采。

(5)徐州矿区千米深井冲击危险评价技术。

通过分析徐州矿区千米深井冲击地压发生特点与影响因素,制定了符合徐州矿区地质与生产技术条件的整体定性、分段定级技术。在整体定性的基础上,采用分段定级的方式进行危险区域划分,以便能够掌握采掘过程中的重点防治区域。提出多因素耦合指数法,对冲击地压影响因素在不同范围内给予一定的指数,通过计算该区域内的多因素耦合指数,对冲击危险等级进行确定。

（6）徐州矿区千米深井震动场-应力场-能量场监测预警体系的建立。

在徐州矿区深井冲击地压发生机制的基础上，建立冲击危险的震动场-应力场监测预警体系，从而科学判断冲击危险性，做出预警预测并制定防治方案。而震动场-应力场的监测，由于其影响区域尺度不同，空间上可形成矿井区域监测—采掘工作面局部监测—应力异常区点监测体系，时间上可以形成早期评价—长期预警—即时预报体系。通过形成综合的评价体系，从而高效利用不同尺度的监测技术与手段。

（7）徐州矿区深井冲击危险远程监测互联平台建设。

为了有效地治理冲击地压灾害，建立远程监测互联平台与专家"会诊"机制。通过远程在线监测技术，将徐州矿区的井下监测信息及时反馈给专家决策人员，使其能够及时掌握矿井安全生产动态信息，针对危险情况采取有效的防治方法，从而避免和减少冲击地压的发生。

（8）徐州矿区深井冲击地压危险防控关键技术与参数研究。

基于冲击地压防控的强度弱化减冲理论，在分析徐州矿区千米深井冲击地压特点、显现规律与控制因素的基础上，提出建立符合徐州矿区千米深井实际条件的冲击地压防控体系，并研究各种技术手段的关键参数制定方法，确定能满足一般性冲击地压防治的通用技术与参数，能根据不同区域冲击显现特点，制定差异化防冲治理方案。

2 徐州矿区深井冲击地压特点与控制因素分析

2.1 徐州矿区区域地质构造特征

徐州矿区位于苏、鲁、豫、皖四省交界处,地处徐州市管辖的铜山区、贾汪区和沛县境内。矿区东西长 50 km,南北宽 40 km,面积约 2 000 km²,其中含煤面积 866 km²。

徐州地区位于华北板块的东南缘,东与郯庐断裂带相邻,南和大别山造山带相望,徐州矿区在区域地理位置上属于广义的徐淮地区,而广义的徐淮地区应当包括从山东省台儿庄经江苏徐州、安徽淮北并向东南至定远县城以北。这是一个北部完整、南部断续相连的半圆形造山带。它位于东北部的胶南—苏北造山带和南部大别山造山带之间,发育于中朝大陆板块,东边以郯庐断裂带与扬子板块相接。这个半圆形造山带的淮北以北部分称为"徐州弧"(徐淮弧形推覆构造体系),东部被郯庐断裂带截割,北部是山东的泰山隆起,西面和南面均被第四系覆盖。此区域与胶南—苏北、大别山和东部张八岭地区在晚古生代—中生代处于同一个应力场内。

徐州矿区位于中朝准地台山东隆起区的南端,徐州复背斜的北翼偏西端。其东侧紧邻郯庐大断裂,西侧为丰永断裂,南侧为符离集断裂,北侧为铁佛沟断裂,是几个大构造带的交汇地区,构造复杂。中生代印支-燕山运动对本区影响甚大,使本区地层发生褶皱、断裂。徐州东、西矿区处在徐州复式褶皱之中,丰沛矿区处于其西北侧,背斜轴部由震旦系和寒武系地层构成。其主要构造特征表现在以下几个方面。

(1)东西向构造:褶皱宽缓,断裂多发生在背斜的南翼,具有北升南降、落差大、角度陡、延展长、以张性断裂为主的特点,由生成较早且长期活动的构造形成,如东矿区的 F_2、F_5 断层,西矿区的故黄河断裂等,使其煤层不连续、不对称,是划分井田的天然边界。

(2)北东-北北东向构造:褶皱轴向和断裂走向呈北东-北北东向展布,就单一向斜而言,一般西北翼较平缓,东南翼较陡以致倒转,并伴生有与褶皱轴大致平行的压性断裂,如东矿区的 F_4、F_{19}、F_6 断层以及西矿区的 F_1 断层等。

(3)南北向构造:在徐州矿区不甚发育,它以断裂为主,有时与北北东向构造复合。

徐州矿区各矿井大、中型断层分布见表 2-1。

表 2-1 徐州矿区各矿井大、中型断层分布表

矿井名称	旗山	张小楼	夹河	张集	三河尖	张双楼
大、中型断层数量/条	19	15	21	33	19	18

2.2 煤层与顶底板

2.2.1 煤层

徐州矿区共发育 3 组含煤沉积地层,分别是石炭系上统太原组、二叠系下统山西组和下统下石盒子组,可采煤层共 12 层。3 组含煤地层在地层沉积特征、沉积古地理环境、古气候条件、含煤性等方面存在很大差别。

徐州矿区煤层厚度变化较大,可采煤层中较薄的一般为 0.5～0.7 m,在局部煤层合成区域,煤层厚度可达 12 m。徐州矿区主采 7、9 煤层,7 煤层厚度为 3.24～4.78 m,平均4.00 m;9 煤层厚度为 2.60～4.06 m,平均 3.44 m。

2.2.2 顶底板

徐州矿区可采煤层的基本顶和直接顶分级分类情况为:石炭系上统太原组的 17 煤层属于 I 级 2 类,20、21 煤层属于 II 级 4 类;二叠系山西组的 6、7、8、10 煤层属于 III 级 3 类,9 煤层属于 II 级 2 类;二叠系石盒子组的 1、3 煤层属于 I 级 2 类,2 煤层属于 II 级 2 类。徐矿集团 6 对矿井中只有旗山矿主采煤层为二叠系石盒子组的 1、3 煤层,其余 5 对矿井均主采二叠系山西组的 7 煤层和 9 煤层。二叠系山西组煤层及顶板状况类似于张双楼煤矿-1 000 m 水平东一、西一下山采区 7 煤层和 9 煤层顶-煤组合条件,石炭系太原组煤层及顶板较二叠系山西组煤层及顶板更为坚硬。

2.3 徐州矿区深井冲击地压灾害历史

徐州矿区自 1991 年 7 月 10 日权台煤矿发生第一次冲击地压后,三河尖煤矿、张集煤矿、旗山煤矿、庞庄煤矿张小楼井、张双楼煤矿等 5 个矿井也先后发生了冲击地压,并造成了人员伤亡和巷道变形、破坏。

2.3.1 三河尖煤矿坚硬顶板冲击

2000 年 4 月 17 日 15:25,三河尖煤矿 7204 工作面上材料道及降低材料道发生一起冲击地压事故,4 人被埋,经抢救无效死亡。冲击地压造成 7204 工作面上材料道和降低材料道超前 90 m 范围内均受到破坏,破坏严重区域为两道超前 15～65 m 范围,在该区域内巷道基本堵实,下帮的大量浮煤抛向巷道,地面有明显震感。据大屯地震台测知,4 月 17 日 15:16:56 距地震台西北方向 27 km 处发生 2.1 级地震。

2.3.2 张双楼煤矿动载诱发冲击

2010 年 7 月 30 日,张双楼煤矿-1 200 m 水平东一采区 7 煤层运输上山发生了一起由 2.7 级地震引发的冲击地压地质灾害,造成 6 人死亡。经现场勘察发现三角门向下巷道被堵严,向上 90 m 范围内巷道变形严重,相邻的-1 200 m 水平东一采区轨道上山中段同时也发生了煤岩体位移现象。

2.3.3 庞庄煤矿张小楼井掘进冲击

庞庄煤矿张小楼井-1 025 m 水平西一下山采区 9 煤层专用回风道自开掘时动力显现明显,曾于 2012 年 4 月 12 日停掘,直至 7 月 20 日恢复掘进,于 7 月 21 日 11:50:07 在迎头附近位置发生一起严重冲击地压显现,迎头向后 10 m 范围内底板明显底鼓,迎头向后 5～6 m 处底鼓 300～350 mm,两帮有不同程度的片帮现象,产生剧烈震动。随后停止 9 煤层专用回风道里段迎头掘进,调整掘进方案,但震动依然明显。8月5日7:23:05在9煤层专用回风道里段迎头附近又发生一起严重矿压显现,迎头向后5 m范围内底鼓300~500 mm,并有煤粉突出,动力显现明显。

随着开采深度的逐步增大,冲击地压灾害已经成为徐州矿区本部各矿井面临的主要难题。虽然各个矿井发生冲击地压的条件与机理有所差异,但本部各矿井基本处于同一构造单元内,其采煤方法具有一定的相似性,在地理位置、地质构造、生产技术条件、矿压显现特征上形成了具有一定共性的徐州矿区深井模式。因此,研究徐州矿区深井冲击地压的特点、控制因素、机理,探索适合徐州矿区的深井冲击地压预测、防治以及管理方法,能够极大地提高防冲效率,做到有的放矢,保证矿区的绿色安全开采与可持续发展。

2.4 影响冲击危险的地质因素分析

2.4.1 开采深度

徐矿集团有着130多年的煤炭开采史。目前,徐州本部煤炭资源接近枯竭,在生产的张双楼煤矿已进入千米深度开采。开采深度对冲击地压的发生影响非常大,开采深度与冲击指数(百万吨煤冲击地压发生次数)的关系如图2-1所示。

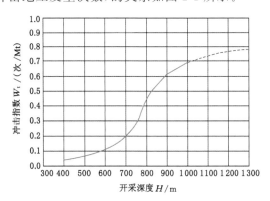

图 2-1 开采深度与冲击指数的关系

2.4.2 千米深井应力场分布规律

2.4.2.1 旗山煤矿应力场特征

为掌握该区域的地应力分布规律,旗山煤矿在-1 000 m水平应用空心包体应力计法进行了地应力测量,结果如表2-2所列。

由表2-2可以分析得出以下主要结论:

(1)在每一个测点均有3个主应力,其中,两个主应力方向接近水平方向,与水平面的夹角平均为8.1°,最大为17.34°;另外一个主应力方向接近于垂直方向,与水平面的夹角平均为77.6°,最大达到83.45°。

(2)最大主应力接近水平方向,其值约为自重应力的1.48~1.56倍,说明该矿区的地应力场是以水平构造应力场为主导的。

(3)最大水平主应力的走向总体上为北西-南东向,个别测点方向偏离较大的原因与测点的局部地质构造和岩石力学性质有关。

(4)垂直应力基本上等于或者略小于单位面积上覆岩层的重力。

表 2-2 旗山煤矿地应力测量结果汇总表

钻孔位置与测点深度	孔内测点号	主应力				垂向应力/MPa
		主应力	大小/MPa	方位角/(°)	倾角/(°)	
1#孔位于−1 000 m水平东西翼轨道联络大巷,深1 030 m	1#测点	σ_1	40.5	140.0	6.85	27.1
		σ_2	27.1	79.2	−76.20	
		σ_3	24.2	228.5	−11.90	
	2#测点	σ_1	40.8	121.3	0.32	26.1
		σ_2	26.1	28.5	83.45	
		σ_3	23.5	211.4	6.50	
2#孔位于−850 m水平北翼联络胶带下山,深940 m	1#测点	σ_1	37.8	124.4	8.20	25.4
		σ_2	25.4	−72.8	81.40	
		σ_3	22.7	214.1	−2.50	
	2#测点	σ_1	36.7	137.3	10.90	23.7
		σ_2	23.7	16.6	69.30	
		σ_3	21.0	230.8	17.34	

2.4.2.2 夹河煤矿应力场特征

夹河煤矿的地应力测试点选在−1 010 m水平输送机暗斜井石门和−1 010 m水平回风暗斜井平巷,埋深均为1 040 m。测量成果如下:

(1)在每一个测点均有两个主应力方向接近水平方向,最大主应力与水平面的夹角平均为9.6°,最小主应力与水平面的夹角平均为28.7°;另外一个主应力方向基本接近于垂直方向,与水平面的夹角平均为60.0°,最大达到69.8°。

(2)最大主应力位于水平方向,其值约为自重应力的1.0～1.1倍,大小为28.42～30.25 MPa,说明该矿区的地应力场是以自重应力场为主导的,构造应力在矿区的作用不明显。

(3)最大水平主应力的走向总体上为北西-南东向,个别测点方向偏离较大的原因与测点的局部地质构造和岩石力学性质有关。

(4)垂直应力基本上等于或者略小于单位面积上覆岩层的重力。

(5)地应力测点周围区域控制性地质构造是F_1逆断层,最大主应力方向与F_1逆断层总体走向近似垂直,这与断层形成时的最大主应力方向是一致的。

2.4.2.3 三河尖煤矿应力场特征

该区受构造运动的切割,形成了一套不完整的北东向次一级复背斜构造,以龙固背斜为主体向东、西两翼又伴生次一级的向背斜构造及逆断层;后经燕山期剧烈的构造运动,产生一系列较大张性断裂。井田经多次构造运动形成了以东西向、南北向(北北东向)构造系列为骨架,北东向、北西向构造系列为内容的构造面貌。

在进行构造分析的基础上,根据测点岩性与具体位置,三河尖煤矿地应力测试选取4个测点,分别为:Ⅰ号测点位于东三−690 m水平回风巷;Ⅱ号测点位于南翼−980 m水平回风巷;Ⅲ号测点位于南翼−700 m水平回风巷;Ⅳ号测点位于南翼−800 m水平轨道上山。运用空心包体套孔应力解除法对选定的4个测点进行地应力测试,测试结果见表2-3。

表2-3　三河尖煤矿地应力测试结果及自重应力汇总表

测点位置	埋深/m	最大主应力			垂向应力/MPa	自重应力/MPa
		大小/MPa	方位角/(°)	倾角/(°)		
东三－690 m 水平回风巷	725	30.0	198.5	71.5	29.1	18.2
南翼－700 m 水平回风巷	735	20.8	197.0	77.0	19.7	18.4
南翼－800 m 水平轨道上山	835	25.3	149.5	65.5	23.3	20.9
南翼－980 m 水平回风巷	1 015	26.7	177.0	61.5	25.0	25.0

由表2-3可知,三河尖煤矿地应力有如下分布规律:

(1) 4 个测点垂向应力是自重应力的 1.0~1.6 倍,这说明该矿井的地应力场以垂向应力为主导。

(2) 东三－690 m 水平回风巷的最大主应力为 30.0 MPa,显著大于该点的自重应力,说明该区域地应力异常。

(3) 由于构造应力的作用,矿井最大主应力南翼测点的方位角在 149.5°~197.0°,为北北东-北北西方向。

(4) 水平构造应力场与垂向应力场的共同作用影响了三河尖井田整个应力场的分布。南翼 3 个测点由北向南,主应力的方位角逐渐变小,由北东-南西方向逐渐转为北西-南东方向;东翼测点的主应力方向为北东-南西方向。根据主应力的变化方向和张庄断层、吴庄断层、张庄向斜及龙固背斜的分布可以推断,在以印支运动和燕山运动的南北挤压为背景的情况下,晚第三世喜山运动的右行压扭作用产生此应力方向。

从以上地应力实测规律可以看出,徐州矿区地应力场受区域地质构造控制,最大主应力均与构造活动有关,总体以构造应力为主。同时也说明进入千米深井后,由于开采深度增大,应力场趋于静水压力场,围岩受到的应力更高。

2.4.3　千米深井坚硬顶板特征

研究表明,顶板结构,特别是煤层上方坚硬、厚层顶板是影响冲击地压危害的主要因素之一,其主要原因是坚硬、厚层顶板容易积聚大量的弹性能。在坚硬顶板破碎或滑移过程中,大量的弹性能突然释放,形成强烈震动,导致冲击地压危害的发生。

在顶板来压期间,煤体的冲击危险性会有所升高,煤体可在高夹持应力作用下发生破坏,积聚的能量突然释放形成冲击地压,也可以是处于较高应力状态的煤体在坚硬、厚层顶板岩层突然破断产生的强烈震动作用下发生冲击破坏。

自 2011 年 12 月徐矿集团开展采掘工作面冲击地压危险性评估工作以来,已累计评估采掘工作面 100 余个,根据这 100 余个采掘工作面冲击地压危险性评估情况,其顶板岩层厚度特征参数 L_{st} 均大于 50 m,这为冲击地压的发生提供了条件。

表2-4 为张双楼煤矿不同厚度坚硬顶板条件下煤岩组合试样冲击能指数的测试结果。由测试结果可知,－1 000 m 水平东一下山采区 7 煤顶板-煤层组合冲击能指数为 0.9,9 煤顶板-煤层组合冲击能指数为 38.4;－1 000 m 水平西一下山采区 7 煤顶板-煤

层组合冲击能指数为 3.8，9 煤顶板-煤层组合冲击能指数为 6.4。可见两采区内 7、9 煤层坚硬顶板厚度与煤层厚度的比值较大，顶板与煤层的组合结构有利于弹性能的积聚，尤其是－1 000 m 水平东一下山采区 9 煤层冲击能指数达到 38.4，如果无 7 煤层保护层开采，冲击危险性将非常高。

表 2-4　张双楼煤矿顶板-煤层组合冲击能指数

取样采区	煤层名称	基本顶岩性	基本顶厚度/m	煤厚/m	顶板-煤层高度比	冲击能指数
－1 000 m 水平东一下山采区	7 煤	中细砂岩	3.25	4.00	0.81	0.9
	9 煤	细砂岩	26.62	3.44	7.74	38.4
－1 000 m 水平西一下山采区	7 煤	细砂岩	2.70	2.01	1.34	3.8
	9 煤	中砂岩	5.80	3.17	1.83	6.4

图 2-2 为徐州矿区 7 煤层典型柱状图。

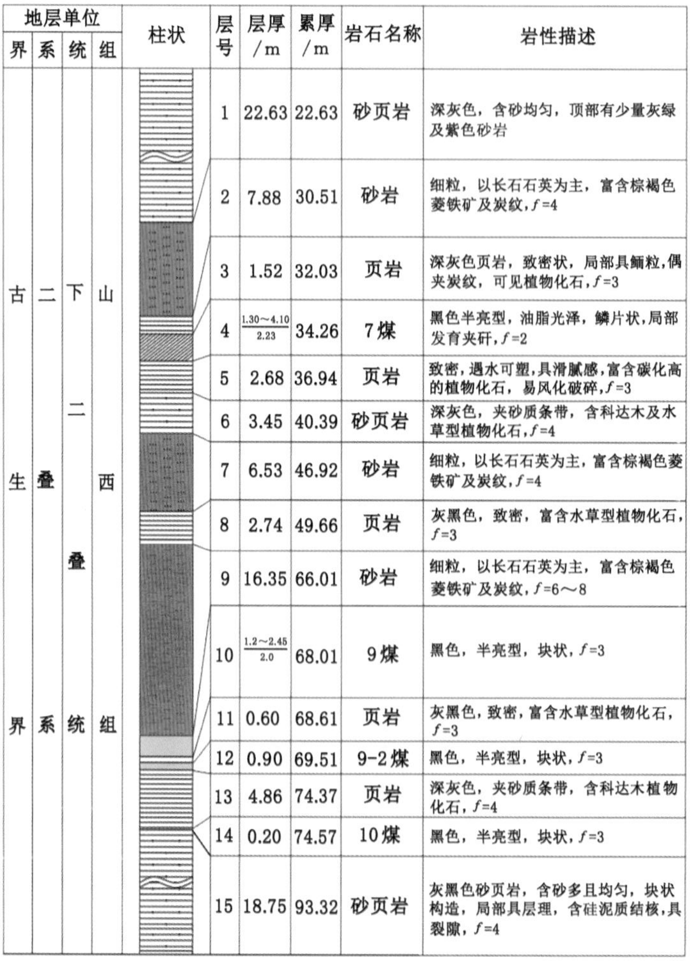

图 2-2　徐州矿区 7 煤层典型柱状图

2.5　影响冲击危险的开采技术因素分析

2.5.1　多煤层联合开采遗留煤柱

煤层开采引起回采空间周围岩层应力重新分布,不仅在回采空间周围煤体(柱)上造成应力集中,还会向底板深部传递,在底板岩层一定范围内重新分布应力,成为影响底板巷道布置和维护的重要因素。在工作面采掘过程中,受上煤层遗留煤柱影响,形成应力高度集中区域,当下煤层工作面为地下高应力区的开采工作面时,煤岩层产生二次应力,容易形成应力集中,煤体内部高应力作用明显,在高度应力集中和存在动载荷的条件下,回采时极易发生冲击地压灾害,若煤柱的顶底板均为完整性好、质地坚硬的砂岩,则影响范围将进一步扩大。

例如,三河尖煤矿9202工作面即位于7煤层工作面下方,由于地质构造的影响,7煤层工作面在开采过程中遗留了大量不规则煤柱,9202工作面在掘进至煤柱区域时矿压显现剧烈,冲击危险性较高。因此,对9202工作面开采过程中应力分布规律进行了FLAC^{3D}模拟。图2-3、图2-4分别为9202工作面平面图与模拟煤柱简化图。图2-5为三河尖煤矿9202工作面不同回采阶段应力分布规律。

由图2-6可以看出,随着工作面的推进,开始时垂直应力最大值逐渐增加,由距煤柱80 m时的5.4倍于原岩应力增大到12.45倍于原岩应力。随着离开90 m×100 m大煤柱,即开采到200 m时,应力迅速降低为原岩应力的8.15倍。在这个变化过程中,开采位置为60 m时,应力变化较小,都在6倍于原岩应力以内,当开采到80 m处,即距煤柱20 m时,应力开始迅速提升,说明煤柱的影响区域为40 m到20 m之间。进入55 m×72 m煤柱后,应力又随着工作面的推进再次逐渐升高,在煤柱中间靠近前方达到最大值,是原岩应力的10.95倍。离开第二个煤柱,还有一条狭长的煤柱,基本上也体现上述规律。

图2-6、图2-7为微震监测系统监测工作面进出煤柱区域震动信号强度变化图。随着工作面垂直应力梯度的增加,冲击危险性逐渐增强,尤其当工作面推进到煤柱区煤柱1与煤柱2的边缘以及煤柱1与煤柱2的交界时,矿震信号的强度达到最大值,且区域垂直应力梯度越高,矿震信号越强。这就决定了工作面在整个回采过程中,煤岩体强度弱化的参数是动态变化的。

徐州矿区主采二叠系下统山西组7煤层和9煤层,7煤层和9煤层间距一般在20～30 m,矿井采区布置一般为7、9煤层联合两翼开采。由于前期对冲击地压认识不足,采区及工作面设计不规范,7煤层和9煤层开采留有较多未采区及煤柱区,形成了本煤层残采区、煤柱区,特别是在回采9煤层时形成了7煤层上覆煤柱,导致9煤层的开采冲击危险更大;在两翼双层煤多次采动影响下,形成了采区煤柱应力高度集中区域,上述区域易发生冲击地压。据统计,徐矿集团发生的54次冲击地压中有35次发生在残采区、煤柱区,其次发生在工作面回采至停采线附近时。

2.5.2　巷道交叉处、工作面转折

巷道开掘后,原来直接作用于巷道内煤岩体上的垂直压力转移到两帮,使围岩应力重新分布。理论研究表明,矩形巷道交叉处和两帮会形成应力集中,其中以交叉处应力集中

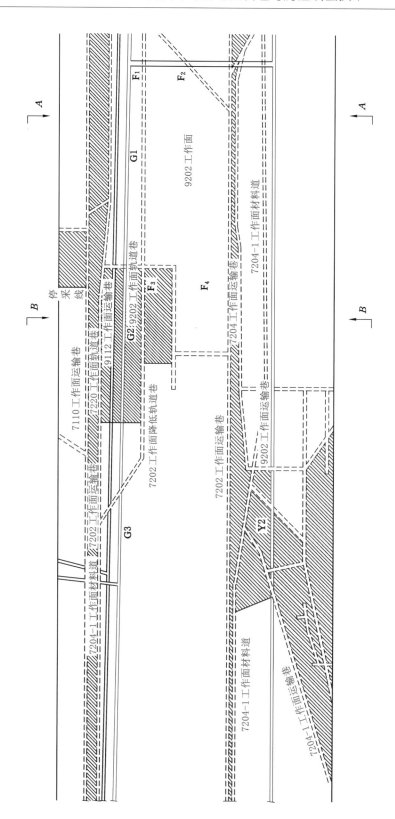

图 2-3 三河尖煤矿 9202 工作面平面图

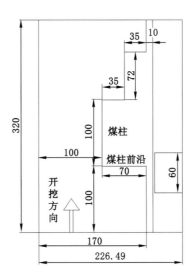

图 2-4 三河尖煤矿 9202 工作面模拟煤柱简化图（单位：m）

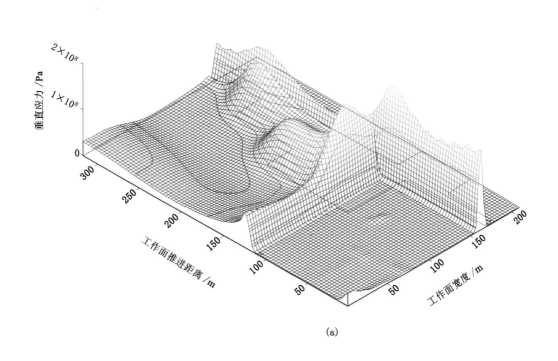

(a)

图 2-5 三河尖煤矿 9202 工作面不同回采阶段应力分布规律

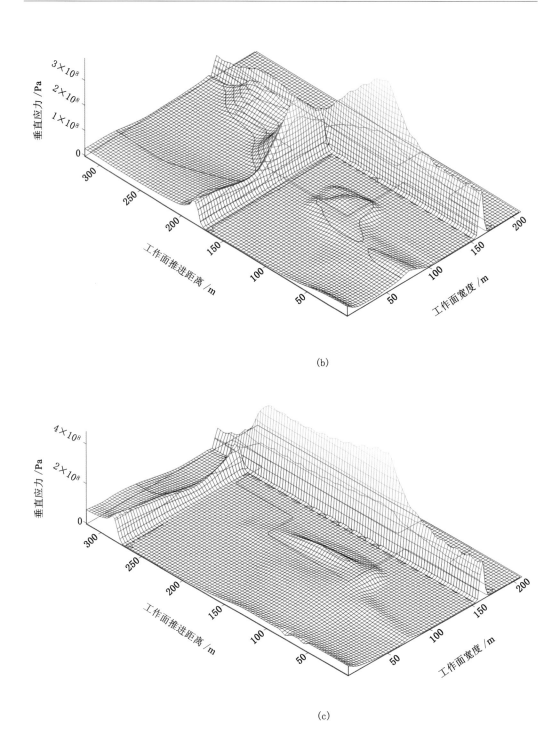

(b)

(c)

图 2-5 （续）
（a）进煤柱区边缘；（b）煤柱区正下方；（c）出煤柱区边缘

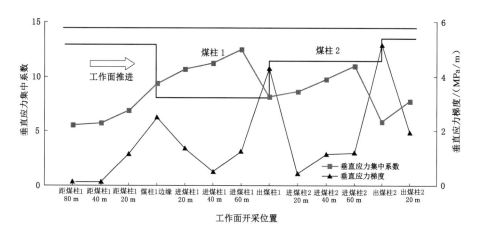

图 2-6 煤柱区垂直应力集中系数与梯度的分布曲线

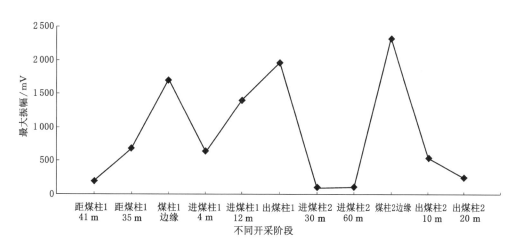

图 2-7 工作面处于不同煤柱阶段的微震信号最大振幅

最大,极易发生破坏。巷道交叉处是应力比较集中的地点,最容易发生冲击地压、巷道破坏。表 2-5 为三河尖煤矿部分巷道交叉处冲击地压统计。

表 2-5 三河尖煤矿部分巷道交叉处冲击地压统计

编号	发生时间	发生位置	开采深度/m	顶板及厚度	周边条件	破坏范围/m
1	1991-09-05	7110 工作面材料道	642	中砂岩、14 m	多巷交叉	25
2	1993-04-18	7110 工作面材料道	646	中砂岩、14 m	多巷交叉	25
3	1995-08-18	7202 工作面材料道	716	中砂岩、13 m	多巷交叉	56
4	1995-09-28	7202 工作面材料道	716	中砂岩、13 m	多巷交叉	70
5	1998-08-30	7204-3 工作面及两道	810	中砂岩、13 m	多巷交叉	89

表 2-5(续)

编号	发生时间	发生位置	开采深度/m	顶板及厚度	周边条件	破坏范围/m
6	1998-10-11	7204-3 工作面降低材料道	803	中砂岩、13 m	多巷交叉	42.5
7	1998-10-20	7204-3 工作面	816	中砂岩、13 m	多巷交叉	20
8	1998-11-22	7204-3 工作面材料道	810	中砂岩、13 m	多巷交叉	34
9	1998-12-06	7204-3 工作面材料道	816	中砂岩、13 m	多巷交叉	500

由于开采年限长、巷道多,形成的巷道交叉点多,特别是在老采区、双煤层联合两翼开采的采区,布置的联络巷、交叉点更多,有平面交叉、立体交叉,有单交叉点、多交叉点。每一个巷道交叉点就是一个冲击地压危险点。据统计,徐矿集团发生的 54 次冲击地压中有 21 次发生在巷道交叉区域。例如,庞庄煤矿张小楼井－1 025 m 水平西一下山采区 2 煤、7 煤、9 煤 3 组煤层联合开采,采区两翼布置工作面,采区集中巷形成了密集分布的巷道交叉点,在巷道交叉区域多次发生冲击地压。

2.5.3　上下山煤柱区

深部煤炭资源开采不但面临"三高一扰动"的挑战,同时多煤层采区上下山开采还面临上覆残留煤柱、上下山保护煤柱所形成的高应力区的影响,矿震与冲击危险性相比浅部急剧增加,严重制约着煤炭资源的安全高效开采。由于不能确定高应力区的分布规律,冲击地压治理工作往往事倍功半。图 2-8 为张小楼井－1 025 m 水平西一下山采区上下山两侧形成的煤柱区示意。

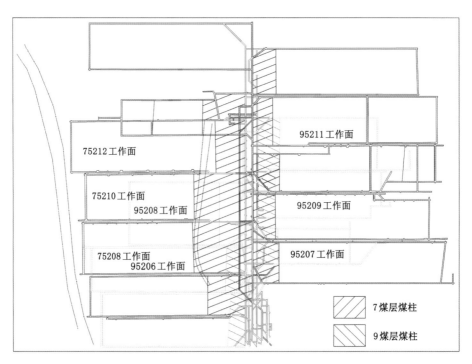

图 2-8　张小楼井西一下山采区上下山两侧煤柱区示意

微震监测结果表明,西一下山采区上下山煤柱区是矿震发生的最主要区域,并且张小楼井冲击地压的发生均集中在煤柱区。

2.6 深井覆岩多层关键层空间结构演化特征

2.6.1 徐州矿区深部开采关键层组合特征

工程实例和理论研究表明,对于倾斜煤层而言,开采深度的增大意味着基岩厚度的增加,从而导致深部开采覆岩关键层层数一般多于浅部开采,深部开采覆岩主关键层位置距开采煤层的距离一般大于浅部开采。正是受深部开采覆岩主关键层位置的改变和覆岩关键层层数增多的影响,才导致了深部开采与浅部开采覆岩空间结构的差异。

采用覆岩关键层位置判别方法对徐州矿区某矿覆岩关键层位置进行了判别,结果如图2-9所示。由图可知,随开采深度的增加,该矿7煤层覆岩关键层由关键层1逐步增加到关键层4,覆岩主关键层位置距开采煤层的距离增大。因此,徐州矿区深井工作面开采过程中将会面临多层关键层空间结构特征。

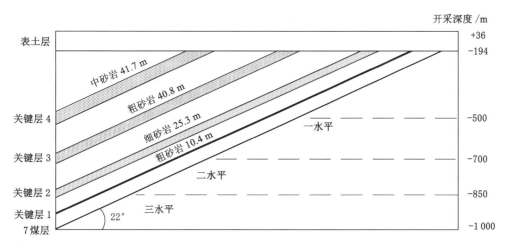

图 2-9 徐州矿区某矿深部开采覆岩关键层组合特征

2.6.2 徐州矿区深部开采覆岩空间结构"Π-F-T"演化规律

煤矿覆岩在层面方向上各关键层破断呈"O-X"结构形态,不同层位的"O-X"结构形态在空间上将形成柱台形曲面体,与之相邻的边界覆岩在竖向剖面上形成"F"结构。覆岩层面方向上破坏的"O-X"结构会向上发展直达地表;剖面方向上的"F"结构也会发生破断失稳。因此,"O-X"结构与"F"结构及其相互转化构成了煤矿覆岩的整体空间结构形态,"O-X"结构与"F"结构的形成与失稳不断进行,称为煤矿覆岩空间结构的动态演化。

2.6.2.1 两侧实体煤工作面覆岩的"Π"结构

钱鸣高院士指出,工作面四周边界条件为实体煤或足以隔断采空区联系的大煤柱时,工作面开采后基本顶形成"O-X"破断。同样大范围的覆岩也会形成"Π"结构形态,层面上呈现"O-X"状,走向与倾向剖面上断裂后岩体呈"砌体梁"结构平衡状态,如图2-10所示。"Π"结构形态与范围受本工作面长度、煤层厚度、关键层层位与物理力学性质影响。

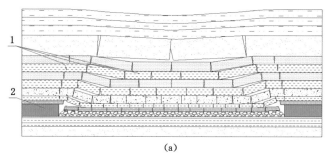

(a)

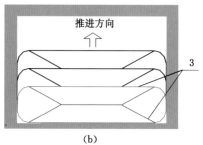

(b)

1—"砌体梁"结构;2—实体煤;3—"O-X"破断线。

图 2-10 "Π"形覆岩空间结构示意

(a) 沿走向剖面的"砌体梁"结构;(b) 沿层面的"O-X"结构平面图

根据关键层的破断与否,"Π"形空间结构分为两种:① 主关键层破断后的全空间"Π"结构;② 主(亚)关键层尚未破断时的半空间"Π"结构。"Π"形空间结构因为四周为实体煤,开采过程中矿压显现主要受覆岩各关键层砌体梁结构形成与失稳过程造成的应力场变化与冲击动载的影响。当存在坚硬厚层顶板时,由于其自身坚硬、来压步距大,所以扰动较强。当存在多层亚关键层时,只有满足一定条件才会出现关键层的复合破断,工作面的矿压显现更为强烈。

覆岩"O-X"破断形成的"Π"结构是覆岩空间结构演化的基本形式,同时也是其他空间结构形式的边界条件与演化过程的重要组成部分。

2.6.2.2 一侧采空工作面覆岩"F"形空间结构

一侧相邻采空区,并且两工作面间煤柱宽度小于隔离采空区所需最小宽度,而另一侧为实体煤或者大煤柱的工作面,如图 2-11 所示,由于其覆岩边界条件一侧为实体,另一侧为相邻工作面"O-X"结构的弧三角板,似字母"F",因此命名为"F"形覆岩空间结构,简称为"F"结构。"F"结构的主要特点是小煤柱侧采空区覆岩会对下一工作面开采造成显著影响,即下一工作面覆岩会与采空区覆岩结构的一部分协同运动,而本工作面上部覆岩随开采的进行也将经历"O-X"结构演化过程,即"F"结构包括了"F"臂在采动影响下的结构失稳运动以及"O-X"结构演化。同样,根据关键层的性质与破断特征,"F"结构可以分为两大类:长臂"F"结构与短臂"F"结构。当存在多层亚关键层时,每类下又可分别细分为单层与多层"F"结构。处于"F"覆岩结构下的工作面,开采时矿压显现、覆岩运动与应力场演化比"O-X"结构

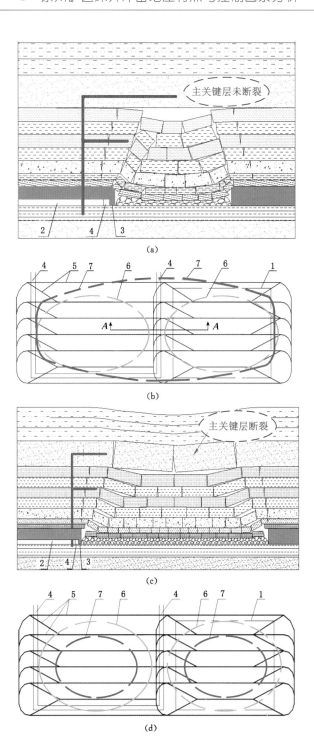

(a)

(b)

(c)

(d)

1—上区段采空区;2—下区段工作面;3—小煤柱;4—下区段工作面平巷;5—覆岩关键层断裂线;
6—低位亚关键层断裂线;7—主关键层断裂线。

图 2-11 "F"形覆岩空间结构示意与分类

(a) 长臂"F"覆岩结构剖面示意;(b) 长臂"F"覆岩结构平面示意;
(c) 短臂"F"覆岩结构剖面示意;(d) 短臂"F"覆岩结构平面示意

下的复杂,体现在采空区震动频繁,造成采空区一侧沿空巷道剧烈变形破坏。

2.6.2.3 孤岛工作面顶板的"T"结构

孤岛工作面是指相邻两侧以及以上为采空区,并且煤柱宽度小于隔离采空区所需最小宽度的工作面。孤岛工作面应力集中程度高、覆岩运动剧烈,矿压显现强于非孤岛工作面,极易出现冲击地压动力灾害。由于孤岛工作面四周覆岩均已发生断裂,工作面开采后四周覆岩与工作面顶板岩层将协同运动、相互影响,导致孤岛工作面支承压力峰值高、扰动远、变化快。孤岛工作面两侧覆岩边界条件均为"F"结构,整体似字母"T",称之为"T"形覆岩空间结构,简称为"T"结构。"T"结构可以分为三大类(图 2-12):两侧主关键层均断裂的短臂对称"T"结构;两侧主关键层均未断裂的长臂对称"T"结构;一侧主关键层未断裂、另一侧主关键层断裂的非对称"T"结构。当存在多层亚关键层时,每类下又可分别细分为单层与多层"T"结构。不同的结构对应着不同的矿压显现规律。第一类结构整个工作面范围矿压显现与短臂"F"结构采空侧的矿压显现类似。长臂对称"T"结构由于两侧主关键层尚未断裂,工作面两侧支承压力要高于第一类结构,两巷维护难度加大,煤体震动增多,并且当工作面推进一段距离后,由于关键层跨度的增大,会出现关键层断裂来压现象,从而引起高能量级别矿震。虽然破裂源主要集中在两侧采空区与本工作面中部,但是高能量震动波传播至工作面后,仍极有可能造成工作面发生冲击地压事故。对于第三类不对称"T"结构,开采前其支承压力场分布特征在短臂一侧与第一类结构类似,而在长臂一侧则与第二类结构类似。工作面推进初期,其矿压显现规律也与前两类结构类似。但是,当尚未断裂的主关键层开始断裂运动时,其矿压显现要比前两类结构剧烈很多,主要原因就是,此时主关键层的一侧断裂线位于工作面巷道上方,中间的断裂线也靠近另一条巷道上方,因此,主关键层断裂诱发的高能级震动对巷道的破坏作用要强得多。

2.6.3 多层覆岩空间结构对冲击地压的影响

2.6.3.1 "∏"空间结构"O-X"破坏形成矿震

在两侧为实体煤的工作面,随着工作面的推进,顶板岩层的悬露面积逐渐增加,当顶板岩层悬露面积达到一定程度后,顶板形成"O-X"破断。在顶板破断过程中,其中积聚的大量弹性能将突然释放,形成强烈震动,可能诱发冲击地压。根据研究,顶板初次形成"O-X"破断前,顶板中积聚的弯曲弹性能为:

$$U_w = \frac{q^2 L^5}{576EJ} \tag{2-1}$$

式中　L——岩梁的长度;

　　　q——岩梁上的均布载荷;

　　　EJ——岩梁的抗弯刚度,E 为岩梁的弹性模量,J 为岩梁的横截面惯性矩。

由此可见,顶板的弯曲弹性能与岩梁长度的 5 次方成正比。

例如,当工作面长度为 150 m,q 为 5×10^5 N/m³,EJ 为 4×10^{11} N·m² 时,工作面顶板一次"见方"形成"O-X"破断前,顶板中积聚的弯曲弹性能达到 8.2×10^7 J。当两个工作面的采空区上覆岩层二次"见方"形成"O-X"破断时,顶板中积聚的弯曲弹性能达到 2.6×10^9 J。当三次"见方"时,顶板中积聚的弯曲弹性能达到 2.0×10^{10} J,这样巨大的能量很容易诱发冲击地压灾害。

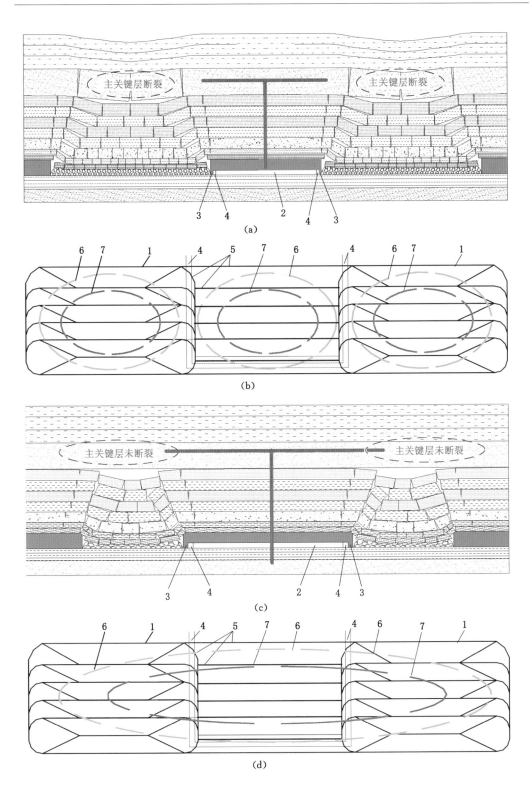

图 2-12 "T"形覆岩空间结构示意图与分类

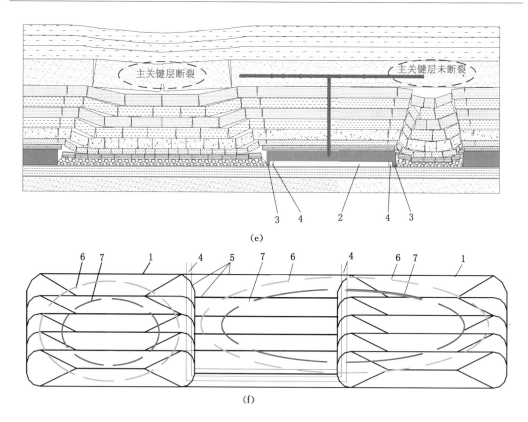

1—上区段采空区;2—下区段工作面;3—小煤柱;4—下区段工作面平巷;5—覆岩关键层断裂线;
6—低位亚关键层断裂线;7—主关键层断裂线。

图 2-12 (续)

(a) 短臂对称"T"形覆岩结构剖面示意;(b) 短臂对称"T"形覆岩结构平面示意;
(c) 长臂对称"T"形覆岩结构剖面示意;(d) 长臂对称"T"形覆岩结构平面示意;
(e) 非对称"T"形覆岩结构剖面示意;(f) 非对称"T"形覆岩结构平面示意

2.6.3.2 "F"结构的作用

当工作面一侧与采空区相邻时,上覆岩层沿倾向形成"F"形空间结构。该结构不仅对工作面小煤柱侧形成较大的应力集中,而且采空区覆岩与开采工作面覆岩一起协同运动,形成较大的动载,体现在采空区震动频繁,造成采空区一侧沿空巷剧烈变形破坏及冲击地压的多发。

对于短臂的覆岩"F"结构,如果悬臂长度是工作面长度的五分之一,则有近 30 m 的覆岩悬臂作用在工作面采空区的小煤柱侧;而对于一个采空区的覆岩长臂"F"结构,则有近 75 m 的覆岩悬臂作用在工作面采空区的小煤柱侧;对于两个采空区的覆岩长臂"F"结构,则有近 150 m 的覆岩悬臂作用在工作面采空区的小煤柱侧。

同样,覆岩的悬臂越长,其中积聚的弯曲弹性能就越大。顶板悬臂中积聚的弯曲弹性能为:

$$U_{\mathrm{w}} = \frac{q^2 L^5}{8EJ} \qquad (2\text{-}2)$$

2.6.3.3 "T"结构的作用

覆岩的"F"结构是由于工作面一侧采空区形成的,而覆岩的"T"结构是由于工作面两侧的采空区形成的。因此,孤岛工作面的两条巷道不仅均受到两侧采空区的覆岩短臂或长臂的静载作用与覆岩破断的动载作用,而且还可能受到两侧采空区与采煤工作面覆岩的共同作用,形成大范围的上覆岩层运动,诱发冲击地压灾害。

2.6.3.4 多层关键层空间结构的"见方"、多次"见方"效应

当工作面沿走向推进到 1 倍于倾向长度左右时,冲击危险性将逐步增强,根据顶板活动规律可知,当工作面推进到采空区形成正方形区域时,冲击显现明显增加,即所谓的"见方"阶段;随着工作面的继续推进,工作面将会出现第二次"见方"、第三次"见方"等阶段。另外,随着开采范围的增大,本工作面沿走向推进到其与相邻工作面倾向长度之和的 1 倍左右时,将形成本工作面与相邻工作面的二次"见方",相应地也存在三次"见方"等阶段。这些"见方"阶段均为冲击危险性增大的阶段。

徐矿集团在采的 6 对矿井,开采年限均在 20 a 以上,各采区尤其是老采区采煤工作面密集分布,工作面"见方"、二次"见方"甚至多次"见方"阶段存在的概率较高,需加强"见方"阶段的冲击地压防治工作。

2.7 震动波扰动作用影响分析

进入千米深井开采后,在原岩应力与采动支承压力作用下,煤体上承受着可达单轴抗压强度 3～10 倍的高应力,已经满足冲击地压发生的最小载荷条件,因此处于临界状态。这种应力状态下,煤体发生缓慢塑性变形破坏,可以逐步释放弹性能,表现为巷道大变形;而发生脆性破坏时,则极易诱发冲击地压显现。试验研究表明,进入深部开采后,煤岩体倾向于发生塑性变形破坏,在准静态加载条件下,煤岩体会表现出"脆-延"转换特征。但是,如果煤岩体上的加载速率变大,呈现动载应力波加载模式,则煤岩体易发生脆性破坏。因此,千米深井开采的煤矿极易受到震动波动载的扰动,在爆破、顶板破断、覆岩运动、打钻、天然地震等震动波作用下,高应力集中区域极易发生动力破坏,如张双楼煤矿 2010 年 7 月 30 日发生的冲击地压事故。表 2-6 为三河尖煤矿爆破震动波诱发冲击地压统计表。同时,在进行卸压爆破时也发现深部工作面爆破后更易引发煤炮或冲击地压显现。

表 2-6   三河尖煤矿爆破震动波诱发冲击地压统计

发生时间	发生位置	开采深度/m	破坏范围/m	主要原因
1997-05-25	7204 工作面降低材料道	806	50	7204 工作面煤柱应力集中,爆破诱发
1998-08-30	7204-3 工作面及两道	810	89	爆破诱发
1998-10-20	7204-3 工作面	816	20	卸压爆破时诱发
1999-11-07	7204 工作面材料道	816	40	应力集中,爆破诱发

2.8 微震监测系统记录的高能量震动与冲击特征

对 2011 年 11 月至 2014 年 1 月期间徐矿集团本部 6 对矿井微震监测系统监测到的能量超过 10^5 J 及出现冲击显现的高能量震动(共计 90 次)进行统计分析,结果如表 2-7 所列。由表可以看出,高能量震动均发生在煤岩层具有冲击倾向性、地应力大的工作区域,地质因素中厚层坚硬顶板、断层、向背斜是重要影响因素;开采技术因素中顶板来压及高层顶板运动位居影响因素的首位,上覆煤柱、巷道密集、多次采动、孤岛残采也是重要影响因素。

表 2-7 高能量震动发生点地质及开采技术因素分析表

地质因素	频次	开采技术因素	频次
煤岩层具有冲击倾向性	90	顶板来压及高层顶板运动	41
地应力大(开采深度大于 600 m)	90	上覆煤柱	37
厚层坚硬顶板	49	巷道密集	34
断层	31	多次采动	34
向背斜	26	孤岛残采	12
厚层底煤	8	采掘活动密集	10
煤岩层相变	2	采掘速度不均匀	5
		老巷	4
		爆破	3
		打钻	3

2.9 煤层群开采冲击诱发因素分析

2.9.1 上煤层动载影响

煤层群某一煤层开采之后,会在实体煤岩层中形成一定的采动空间,工作面上覆顶板岩层垮落移动,形成垮落带、裂缝带和移动带。垮落带中,破断后的岩块呈不规则垮落,碎胀系数比较大,一般为 1.3～1.5,但经重新压实,其碎胀系数可降到 1.03 左右。此区域与所开采的煤层相毗连,很多情况是由于直接顶岩层垮落后形成的,根据经验,垮落带的高度一般为采厚的 3～6 倍。垮落带以上为裂缝带,裂缝带岩层产生裂隙和离层,支撑在开采层底板上,其高度可按已采跨度的 0.6～0.9 倍估计。

若上煤层开采后,采空区上方存在坚硬岩层,则上煤层开采高度和范围不足以使其发生破断。在进行下煤层开采时,开采高度进行叠加,则会诱发上煤层顶板坚硬岩层发生破断,对下煤层产生动载扰动,如图 2-13 所示。

2.9.2 上煤层应力影响

采空区顶板岩体的垮落引起地层应力向周围的实体煤岩转移,周围的岩层和煤层也在高应力作用下向自由空间变形和移动,并在采空区顶板上方形成自然垮落拱,使上覆岩

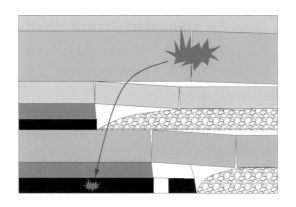

图 2-13 上煤层开采动载影响示意

体的自重应力及构造应力传递给采空区以外的煤岩体。也即某一煤层的开采对其周围的岩层及煤层产生较大的采动影响,在本煤层煤柱区上下方起到增压作用,具有诱发冲击地压等动力灾害的可能性及危险性。

上煤层开采过后,底板岩层在新的平衡状态下有两个主要的不平衡应力分布区域,其一是实体煤层下方的应力集中区,其二是采空区下方的应力释放区。如图 2-14 和图 2-15 所示,在开采煤层下方的煤柱区域,受到垂直应力的增压作用;垂直应力的挤压、剪切作用是导致煤柱下方的煤体储存大量弹性能,诱发冲击地压的重要静载因素;距离开采煤层越近,产生的垂直应力越大,垂直应力的最大值出现在靠近采空区边缘的实体煤下部。

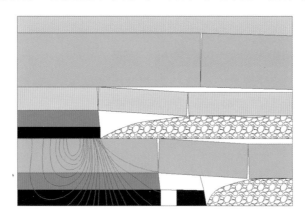

图 2-14 上煤层开采静载影响示意

2.9.3 本煤层动载影响

张双楼煤矿 9119 工作面下区段为 9121 工作面采空区,顶板为厚 20 m 左右的坚硬细砂岩。9119 掘进工作面和 9121 采煤工作面相向而行,在部分区段,9121 工作面回采过后,不足 3 个月将进行 9119 工作面的掘进工作,此种情况下 9121 工作面采空区顶板不易完全垮落。因受到 9119 工作面开采的扰动影响,将有可能引起 9121 工作面顶板的破断,而顶板的突然破断将诱发细砂岩顶板弹性能的释放,造成大矿震的产生,如图 2-16 所示。

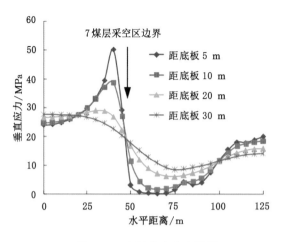

图 2-15 底板应力分布情况

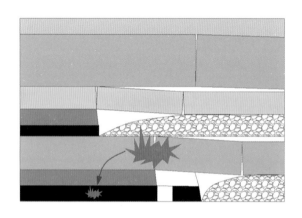

图 2-16 本煤层开采影响示意

2.9.4 本煤层静载影响

张双楼煤矿 9119 工作面顶板为厚 20 m 左右的坚硬细砂岩,顶板初次来压和周期来压时,相较于软弱顶板,其悬顶长度较长,易在煤体中形成高静载应力,如图 2-17 所示。

2.9.5 煤层群开采冲击地压诱因

根据以上分析可以得出,煤层群开采主要受到 4 个方面应力影响,即上煤层的顶板动载、上煤层的煤柱静载、本煤层顶板动载和本煤层的支承压力,如图 2-18 所示。

2.9.6 煤层群开采诱因监测

图 2-19 为根据张双楼煤矿 9119 工作面回采过程中的矿震得出的矿震能量分布密度图。矿震能量分布密度图能够反映煤体中的高应力区和高动载区。从图中可以看出,9119 工作面的冲击危险主要来自 7 煤层顶板动载区、7 煤层煤柱高静载区和 9 煤层顶板动载区,其中,7 煤层煤柱静载影响最为明显,高能量矿震主要位于 7 煤层边界和断层之间。

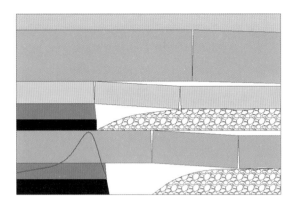

图 2-17 本煤层开采顶板悬顶造成的静载应力集中示意

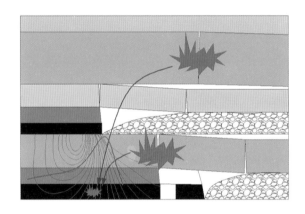

图 2-18 煤层群开采冲击地压诱因示意

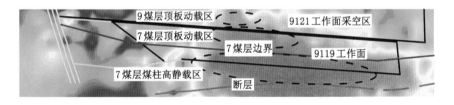

图 2-19 9119 工作面回采过程中的矿震能量分布密度

2.10 徐州矿区深井冲击地压控制因素

徐州矿区深井冲击地压的发生受该矿区地质构造与开采历史影响显著。同时,由于具有坚硬顶板、多煤层联合开采的特点,因此,影响徐州矿区深井冲击地压的主要因素为大采深、坚硬顶板、地质构造、深部开采多层关键层空间结构、多煤层联合开采遗留煤柱、上覆煤层的残余支承压力、巷道交叉、上下山煤柱以及震动波动载。掌握了徐州矿区千米深井冲击地压发生特点与主要影响因素,对于研究冲击地压机理、建立统一预警指挥平台、进行有效防控具有重要指导作用。

2.11　本章小结

(1) 从区域地质构造与现场地应力测试分析,揭示了徐州矿区千米深井地应力受构造控制迹象明显,同时数据表明进入千米深井后,应力场趋于静水压力场,围岩受到的应力更高。

(2) 统计结果表明,煤层上方的坚硬顶板及其覆岩结构特征对冲击地压具有较大的影响;徐州矿区深井冲击地压具有显著的坚硬顶板型冲击地压特点。

(3) 多煤层联合开采过程中,上覆煤层遗留煤柱在下伏煤层中造成的应力集中系数可达 10.0 以上,下伏煤层进出煤柱阶段应力梯度较高,是强冲击危险区域。

(4) 徐州矿区深井在巷道交叉点区域均有冲击地压显现;统计结果表明,巷道交叉点区域是冲击地压的多发区。

(5) 进入深部开采后,覆岩关键层易形成多层空间结构,覆岩空间结构呈现"Π-F-T"结构模式演化,从而在工作面开采时会出现多次"见方"效应。

(6) 进入深部开采后,煤岩体极易受到爆破、顶板运动等震动波动载的诱发作用而发生冲击地压显现,动静载耦合诱冲模式显著。

(7) 徐州矿区千米深井冲击地压的主要影响因素具有很强的共性,即坚硬顶板破断运动、多煤层联合开采形成的遗留煤柱、上下山煤柱、巷道交叉与转折、震动动载诱发。

3　徐州矿区深井静载应力与动载应力波耦合诱冲机理

3.1　深部开采冲击地压特征与模式

　　冲击地压经典机理可以分为两类:压力型(静载)和震动型(动载)。相应的研究出发点与侧重点可以分为三类:第一类是从研究煤岩体的物理力学性质出发,分析煤岩体失稳破坏特点以及诱使其失稳的固有因素;第二类是研究突出区域所处的地质构造以及变形局部特征,分析地质弱面和煤岩体几何结构与冲击地压之间的相互关系;第三类是研究工程扰动对煤岩体破坏与冲击地压发生的作用机理。目前对压力型冲击地压机理、影响因素的研究较多,认识更为深入统一,而对震动型冲击地压的研究则相对较少。

　　进入深部开采后,承受高静载荷的煤岩体受动载扰动后发生冲击显现更为明显,利用矿井微震监测系统监测的冲击震动事故中,多数震源并不在冲击点,有时相距甚远,如图 3-1 所示,震中距冲击地点的最小距离主要分布在 150 m 范围以内,其中,以 30～120 m 范围最为集中。由此可见,冲击震动型冲击地压更为普遍。

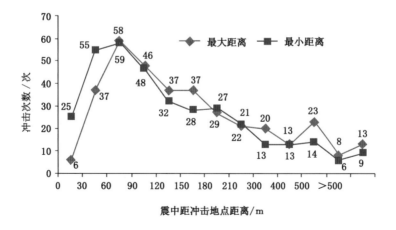

图 3-1　冲击次数与震中距冲击地点距离的关系

　　表 3-1 为徐州矿区典型冲击地压发生时,震源与冲击显现位置的关系参数表。

表 3-1　震源与冲击显现位置关系参数表

微震发生时间及采掘工艺	震源能量/J	震源与冲击显现位置的方位与距离		微震发生时间及采掘工艺	震源能量/J	震源与冲击显现位置的方位与距离	
		方位	距离/m			方位	距离/m
2011-11-27 09:20,回采	$3.4×10^5$	水平	60	2012-12-10 02:06,巷修	$4.3×10^5$	水平	80
		垂直	22			垂直	30
2012-04-08 00:19,掘进	$6.15×10^5$	水平	60	2013-01-06 18:14,掘进	$3.4×10^5$	水平	100
		垂直	7			垂直	100
2012-07-21 11:50,掘进	$8.4×10^4$	水平	42	2013-01-10 06:57,掘进	$5.6×10^4$	水平	20
		垂直	30			垂直	24
2012-08-01 10:58,掘进	$6.2×10^4$	水平	15	2013-03-10 19:30,掘进	$3.6×10^5$	水平	80
		垂直	17			垂直	10
2012-08-05 07:23,掘进	$8.4×10^4$	水平	45	2013-04-17 19:01,回采	$2.2×10^5$	水平	120
		垂直	38			垂直	12
2012-09-24 19:48,掘进	$8.4×10^4$	水平	42	2013-11-04 07:31,掘进	$1.0×10^5$	水平	10
		垂直	19			垂直	23
2012-10-27 02:17,掘进	$4.5×10^5$	水平	86	2014-01-30 20:01,回采	$1.2×10^5$	水平	85
		垂直	200			垂直	5

　　因此,我们提出动静载叠加诱发冲击地压模型(图 3-2),并对这一现象的机理与防治工作进行深入研究,从而揭示深部高应力煤柱区巷道、工作面冲击地压发生的机理,为防治冲击地压提供理论依据。

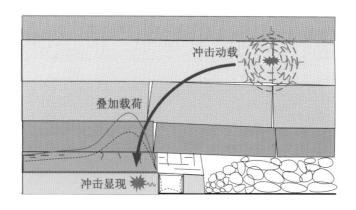

图 3-2　动静载叠加诱发冲击地压模型

3.2　深部开采静载特征

3.2.1　深部静载应力分布特征

　　煤体中应力随着埋深的增加不断增大,埋深越深,原岩应力越大,具有更高的应力基础,开挖后的应力集中程度越高。同时,随着埋深的增加,水平应力的增加幅度大于垂直应力的增加幅度,特别对于深部开采,水平应力往往大于垂直应力,将产生较大的侧向应力。在原岩应力状态下岩石储存较大的弹性应变能,往往超过其单轴压缩破坏时所需能量。当进行弹性开挖时,在巷道围岩应力集中区附近会出现能量积聚;由于深部岩体具有弹塑性,在围岩应力往深部转移的过程中又伴随着能量的耗散和转移。

开挖空间附近围岩应力具有基本分布形式,从自由面至围岩深部分别为破碎区、塑性变形区、应力增高区,更深处为原岩应力区,开挖空间范围越大,破碎区和塑性变形区范围越大。存在地质构造的区域容易引起较大的应力集中,水平应力往往大于垂直应力。

3.2.2 深部煤体储能特征

随着开采深度的增加,煤体的侧压系数逐渐增大,而侧压系数的增大意味着围压的增大,运用 FLAC³D 模拟软件得出的煤体的峰值强度、残余强度和峰值应变与围压的关系如图 3-3、图 3-4 所示。

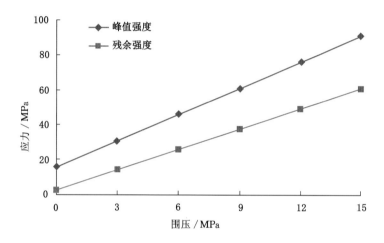

图 3-3　峰值强度及残余强度与围压的关系

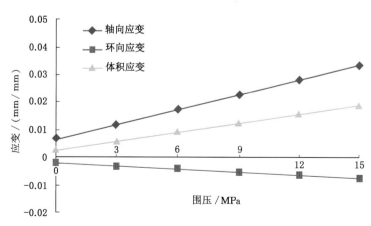

图 3-4　峰值应变与围压的关系

从图中可以看出,随着围压的增大,煤体的应力峰值和变形量均呈现增大的趋势。这说明随着埋深的增加,煤体的应力峰值和应变量均增大,储存的能量不断增大。

3.2.3 深部煤体破坏特征

3.2.3.1 数值模拟实验

不同侧压系数条件下巷道围岩破裂区分布特征如图 3-5 所示,图中红色部分代表压剪破裂区,绿色部分代表拉伸破裂区。由图可知,动力扰动前后,随着侧压系数的增大,巷道围岩顶底板破裂区范围不断增大,帮部破裂区范围随之减小;围岩破裂区分布形状由扁平状转为竖高状。当侧压系数小于 1.0 时,随着侧压系数的增大,巷道顶底板周边破裂区为拉伸破裂区且范围较小,帮部破裂区周边为小范围拉伸破裂区和层状压剪破裂区;当侧压系数达到 1.0 时,随着侧压系数的增大,巷道顶底板周边破裂区为压剪破裂区且范围随之增大,帮部破裂区为压剪破裂区且范围随之减小。

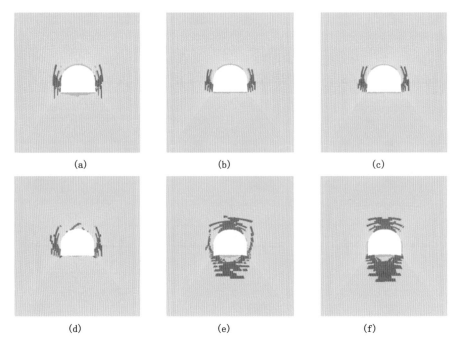

图 3-5　不同侧压系数条件下巷道围岩破裂区分布特征

(a) 侧压系数为 0.4;(b) 侧压系数为 0.6;(c) 侧压系数为 0.8;(d) 侧压系数为 1.0;
(e) 侧压系数为 1.2;(f) 侧压系数为 1.4

综上所述,随着开采深度的增大,巷道顶、底板位置的破裂区不断增大,帮部破裂区有所减小,但是整体上破裂区呈现增大的趋势。这一现象能够很好地解释含有底煤的巷道易发生冲击地压事故的原因。

3.2.3.2 实验室实验

煤体在三轴压力下加压到指定的压力值(分别为 50 MPa、65 MPa、80 MPa、100 MPa),然后使用钻孔钻进,钻进过程中煤体应力随时间的变化过程如图 3-6 所示。由图可以看出,随着应力的增大,煤体的破坏形式由 50 MPa 压力状态下的缓慢破坏转变为 100 MPa 压力状态下的冲击式破坏,而且随着压力的增大,冲击的强度增高。通过实验现象可以得出,随着开采深度的增加,在巷道掘进过程中,煤体由缓慢的变形破坏逐渐转换为冲击式破坏。

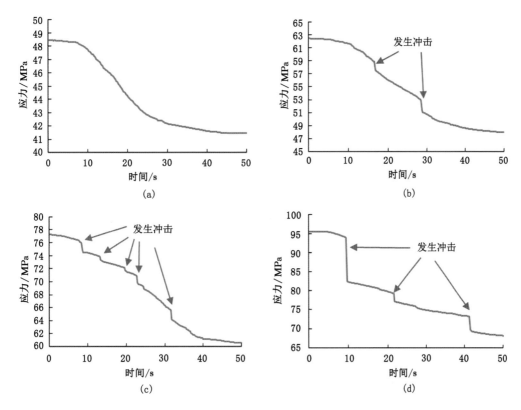

图 3-6　不同压力下钻孔钻进煤体破坏特征曲线
(a) 50 MPa;(b) 65 MPa;(c) 80 MPa;(d) 100 MPa

3.3　深部开采过程中动载源

3.3.1　深部开采动载源

　　岩石破断时形成的体积变形产生纵波(P 波),在它的传播区域里岩石发生膨胀和压缩。岩石破断时形成的剪切变形产生横波(S 波)。纵波和横波以不同的速度传播(纵波传播速度快于横波),波速与岩石的弹性系数和密度有关。纵波和横波在震源周围的整个空间传播,统称为体波。纵波和横波未遇到界面时,可以看作在无限介质中传播。当纵波和横波遇到界面时,会激发界面产生沿着界面传播的面波,面波在垂直于界面的方向上只有振幅的变化,其振幅按指数规律衰减。

　　采矿过程中,在开采扰动的影响下,岩体内部发生破坏,产生震动波。采矿产生的震动波和大地地震波相比,具有震中浅、强度小、震动频率高、影响范围小的特点。图 3-7、图 3-8 是几种采矿引发的断裂和震动模型以及它们对应的纵波、横波位移场。

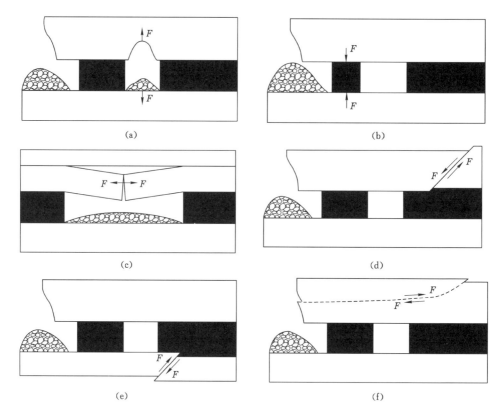

图 3-7　采矿引发的断裂和震动模型

(a) 顶板垮落;(b) 煤(矿)柱冲击;(c) 采空区顶板张性断裂;

(d) 正断层断裂;(e) 逆冲断层;(f) 近水平俯冲断层滑移

3.3.2　深部煤体能量释放特征

根据对覆岩破断的研究,初次来压和周期来压的顶板弯曲弹性能计算公式为:

$$U_{w1} = \frac{q^2 L^5}{576EJ} \qquad (3-1)$$

$$U_{w2} = \frac{q^2 L^5}{8EJ} \qquad (3-2)$$

式中　U_{w1}——初次来压顶板弯曲弹性能,J;

　　　U_{w2}——周期来压顶板弯曲弹性能,J;

　　　q——顶板及上覆岩层附加载荷的单位长度载荷,N/m;

　　　L——顶板来压步距,m;

　　　E——顶板岩层弹性模量,Pa;

　　　J——顶板端面惯性矩,m^4。

根据上述计算公式可得,随着埋深的增加,顶板及上覆岩层附加载荷的单位长度载荷增大,而顶板破断释放的能量与载荷的二次方呈正比关系。故可以得出,随着开采深度的增加,顶板的动载荷呈现二次指数规律增大。

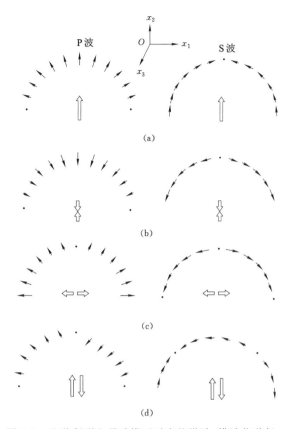

图 3-8　几种断裂和震动模型对应的纵波、横波位移场

3.3.3　能量与煤体破坏关系

根据研究,动载的能量与其所产生的冲击载荷呈正相关关系,在进行定性化描述时,可以用所产生的冲击载荷表示动载的能量。运用 FLAC^{3D} 软件模拟的不同冲击载荷条件下的煤岩应力-应变曲线如图 3-9 所示。

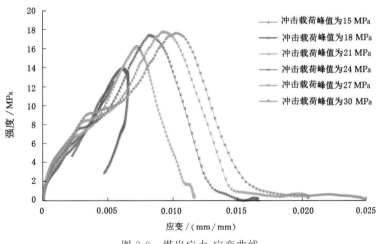

图 3-9　煤岩应力-应变曲线

根据图 3-9 可知,当施加冲击载荷为 15 MPa 时,岩石试件峰值极限强度为 12.56 MPa,峰值应变为 0.005 38 mm/mm;当载荷增大到 30 MPa 时,岩石试件峰值极限强度提高到 17.67 MPa,峰值应变为 0.010 22 mm/mm,岩石极限强度增大了 5.11 MPa,峰值应变增大了 0.004 84 mm/mm。由此可以得出,随着冲击载荷的增大,岩石试样的峰值极限强度和峰值应变均不断提高。

岩石峰值强度、峰值应变与冲击载荷的关系如图 3-10 和图 3-11 所示。由图 3-10 可得出,随着冲击载荷的增大,岩石峰值强度的增大速度有减缓的趋势,这是由于岩石受到足够大的载荷冲击时会导致破裂区贯通发生整体破坏。由图 3-11 可以得出,随着冲击载荷的增大,岩石峰值应变呈现增大的趋势。在煤体发生冲击地压时,增大的峰值强度和峰值应变转换为冲击过程中的动能,将使得冲击地压的强度显著增大。但是并非随着冲击载荷的增大,冲击地压强度不断增大,而是当冲击载荷达到一定值时,冲击地压强度不再增大,保持在一定值。

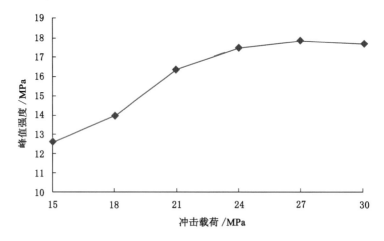

图 3-10   岩石峰值强度与冲击载荷关系

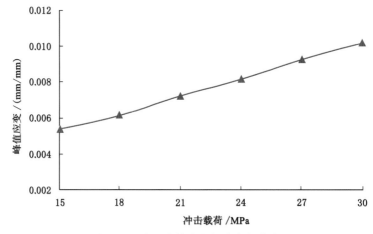

图 3-11   岩石峰值应变与冲击载荷关系

3.4 动载应力波对煤岩体的损伤作用

震动产生的应力波分为纵波和横波两种基本体波,其在传播过程中将在结构面激发其他类型的面波。当传播距离较远时,纵波与横波由于传播速度的不同,逐渐分离[图3-12(a)],从而对传播介质产生依次加载;当传播距离较近时,纵波和横波将同时对传播介质进行加载[图3-12(b)],使得煤岩介质受力状态变得复杂。

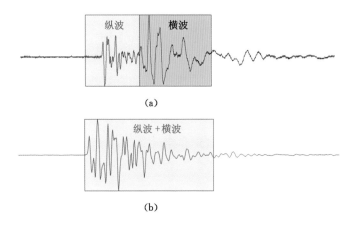

图 3-12　震动应力波近远场纵横波关系

（a）远场纵横波分离；（b）近场纵横波耦合

3.4.1　纵波应力波对传播介质的损伤破坏作用

纵波为震源所受应力的无旋扰动产生,在传播介质中起拉压作用。在传播方向上,纵波作用下的煤岩介质受力状态如图3-13所示。

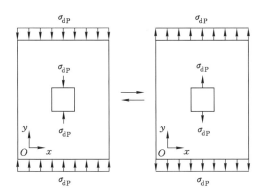

图 3-13　纵波作用下的煤岩介质受力状态

纵波作用下煤岩介质受到反复的拉压应力作用,在此过程中,最大主应力轴在 y 轴和 x 轴之间反复切换。当 y 方向出现压应力时,与无应力波作用下的煤岩体受力状态类似,随着应力波强度增大,煤岩体内受压闭合裂纹扩展存在优势方向,优势方向为 β_c,裂

纹扩展的临界应力波值为:

$$\sigma_{\mathrm{dP,min}} = 2\frac{K_{\mathrm{IIC,d}}/\sqrt{\pi a}}{\sqrt{1+f}-f} \tag{3-3}$$

式中 $K_{\mathrm{IIC,d}}$——II型裂纹动态断裂韧度;

a——裂纹长半轴长度;

f——裂纹面摩擦系数。

当 y 方向出现主拉应力时,煤岩介质内平行于 x 轴的裂纹为纯I型裂纹,其他方向分布的裂纹为I-II复合型裂纹。由最大周向应力理论可知,在单轴受拉条件下,裂纹优势方向角为 $\beta=68.0893°$。因此,y 方向出现主拉应力时也存在裂纹优势扩展方向。

在纵波作用下,在优势扩展方向上,裂纹长度大于临界裂纹长度的裂纹优先扩展使煤岩体产生损伤,其他方向上的裂纹扩展需要的应力和裂纹长度较优势方向上大许多。然而,在纵波作用下,煤岩介质裂纹扩展至少存在 2 个优势方向,较静载对煤岩介质损伤范围增大。

3.4.2 横波应力波对传播介质的损伤破坏作用

横波为震源所受应力的旋度扰动产生,在传播介质中起剪切作用。在传播方向上,横波作用下的煤岩介质受力状态如图 3-14 所示,图中 σ_{dS} 为横波产生的剪切应力。

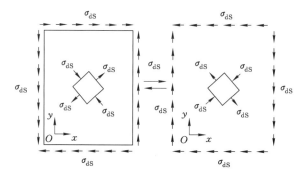

图 3-14 横波作用下的煤岩介质受力状态

横波作用下煤岩介质受到的剪应力大小及方向存在周期性变化,方向来回切换。在此过程中,煤岩介质所受最大主应力轴在与 y 轴和 x 轴呈 45° 角的两个方向之间反复旋转切换。垂直于横波传播方向分布的裂纹为纯II型裂纹,裂纹面受到纯剪切作用,裂纹沿与裂纹呈 70°32′ 方向扩展,并最终弯折为最大主应力方向,与横波传播方向斜交的裂纹为I-II复合型裂纹。由最大周向应力理论可知,裂纹存在优势方向,且优势方向与主拉应力方向的夹角为 68.0893°。

在横波作用下,在优势破裂方向上,裂纹长度大于临界裂纹长度的裂纹优先扩展使煤岩体产生损伤,其他方向上的裂纹扩展需要的应力和裂纹长度则较优势方向上大许多。此外,横波经过传播介质引起了振动方向的改变,质点受力方向及其大小也随之改变,裂纹扩展的优势方向也反复旋转变化,较无应力波作用时对煤岩介质的损伤范围增大。

3.4.3 纵横波组合应力波对传播介质的损伤破坏作用

煤岩介质离震源较近时将受到纵波和横波的组合作用,由于纵横波振动周期及峰值

不同,故煤岩介质的受力状态极为复杂。若按二维受力分析,煤岩介质所受主应力为:

$$\sigma_{\mathrm{p1,p2}} = \frac{\sigma_{\mathrm{dP}}(t)}{2} \pm \sqrt{\frac{\sigma_{\mathrm{dP}}(t)^2}{4} + \sigma_{\mathrm{dS}}(t)^2} \qquad (3\text{-}4)$$

式中　$\sigma_{\mathrm{dP}}(t)$——纵波产生的拉压应力;

　　　$\sigma_{\mathrm{dS}}(t)$——横波产生的剪切应力。

最大主应力方向与震动波传播方向的夹角为:

$$\theta_{\mathrm{p}} = \frac{1}{2}\arctan\frac{2\sigma_{\mathrm{dS}}(t)}{\sigma_{\mathrm{dP}}(t)} \qquad (3\text{-}5)$$

由式(3-5)可知,由于纵波与横波的组合方式不同,其大小比例也将是任意值,因此,在纵横波组合作用下,主应力轴可在任意方向上变化,从而使处于任何方位的裂纹均可在某时刻与裂纹优势扩展方向重合,进而使裂纹产生扩展,增大煤岩体损伤范围。

3.4.4　震动波参数对应力波诱发煤岩损伤破坏的影响

煤岩体所受应力波强度越大,应力越容易达到煤岩体断裂韧度引起裂纹扩展,同时裂纹扩展及缺陷扩展方向变宽,损伤范围增大,容易形成破坏。然而,煤岩体在应力波作用下的损伤及破坏除与应力波强度有关外,还与震动波其他参数存在相关关系。根据阿伦尼乌斯方程和过渡理论可知,当材料受外力 F 作用时,裂纹扩展速度为:

$$v_{\mathrm{N}} = A\exp\left(\frac{\gamma F - \Delta\varepsilon_1}{kT}\right) \qquad (3\text{-}6)$$

式中　A——频率因子;

　　　γ——与结构或受力方式有关的参数;

　　　$\Delta\varepsilon_1$——活化能;

　　　k——玻尔兹曼常数;

　　　T——绝对温度。

由上式可知,裂纹扩展速度与受力大小呈指数函数关系。受力越大,裂纹扩展速度越快。研究表明,当受力足够大时,裂纹扩展速度可达到瑞雷波速度甚至 P 波速度。由于裂纹扩展存在一定速度,因此,裂纹扩展长度与时间有关。受力时间越长,裂纹扩展长度越长。另外,应力波的加载应变率与震动波频率 f 和质点振动峰值速度 v_0 有关,频率越大、质点振动峰值速度越大时,加载速率越大。试验研究表明,加载速率越大,煤岩体强度越高,动态断裂韧度越大,越不容易引起裂纹扩展,而质点振动峰值速度越大,应力波越强,越容易诱发裂纹扩展。

综上所述,质点振动峰值速度越大、振动频率越小、振动持续时间越长的震动波,越容易诱发煤岩体裂纹扩展以及损伤破坏。裂纹扩展存在临界值,如图3-15(a)所示,震动波峰值速度 $v_{\mathrm{P}}(v_{\mathrm{S}},\sigma_{\mathrm{dP}},\sigma_{\mathrm{dS}})$ 越大,一个周期中应力波大于临界值 $[v_{\mathrm{P}}(v_{\mathrm{S}},\sigma_{\mathrm{dP}},\sigma_{\mathrm{dS}})]_{\mathrm{C}}$ 的时段占整个周期的比例越高,裂纹扩展的时间越长,且峰值速度越大,裂纹扩展越快,煤岩体损伤越大,越容易达到煤岩体破坏的损伤临界;振动周期(频率)与应力波的关系如图 3-15(b)所示,振动周期越大,频率越小,震动波加载速率越小,裂纹动态断裂韧度越小,就越容易扩展。

质点离震源越近,质点振动峰值速度越大,纵波和横波重叠部分的比例越高;震源能

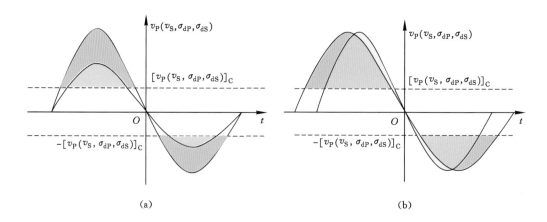

图 3-15　震动波参数与煤岩损伤的关系
（a）峰值速度与应力波的关系；（b）振动周期（频率）与应力波的关系

量越高,矿震主频越低,频谱越丰富,与震源相同距离的质点振动峰值速度相应越大。因此,近距离、强矿震更容易引起煤岩体损伤破坏。

3.5　静载应力与动载应力波耦合诱发煤岩失稳

在实际矿井开采中,煤岩体本身受到较高的集中应力作用,当矿震震动波作用于煤岩体时,其又受到应力波作用。因此,煤岩体实际受到应力及应力波组合作用。在应力及应力波组合作用下,煤岩体损伤破坏、失稳情况更为复杂。应力大小、方向相对稳定,但作用持续时间长;应力波大小处于不断变化过程中,强度时大时小,应力波主应力方向也处于不断变化中,但作用时间短暂。

3.5.1　静应力及应力波组合在煤岩体破坏中的能量关系

在仅受应力作用状态下,煤岩体应力基本稳定,不存在较快的变化,但应力可以缓慢变化达到较高水平,使煤岩体储存较高的弹性变形能。煤岩体在应力作用下储存的弹性变形能密度公式如式(3-7)所示。在单轴受力状态下,弹性模量为 10 GPa 的煤体,应力为 20 MPa 时储存的弹性变形能密度为 $2×10^4$ J/m³;若泊松比为 0.2,三轴等压条件下储存的弹性变形能密度为 $3.6×10^4$ J/m³。

$$\begin{cases} U = \dfrac{\sigma^2}{2E} & \text{单轴} \\ U = \dfrac{1}{2E}[\sigma_1^2 + \sigma_2^2 + \sigma_3^2 - 2\mu(\sigma_1\sigma_2 + \sigma_2\sigma_3 + \sigma_1\sigma_3)] & \text{三轴} \end{cases} \tag{3-7}$$

在应力波作用下,煤岩体应力可在瞬间增大几兆帕甚至几十兆帕,然而作用时间短暂,通过应力波传递给煤岩体的能量也相对有限,因此,在单纯应力波作用下,虽然煤岩体微裂纹会存在一定程度的扩展致使煤岩体产生一定程度的损伤,但几兆帕乃至几十兆帕的瞬间应力波作用要使煤岩体产生大范围损伤破坏却显得极为困难。例如,当矿震释放的能量为 $1.0×10^8$ J 时,若震动持续时间为 2 s,震动波速度为 3 000 m/s,不考虑能量衰

减,则距震源 5 m 处应力波产生的平均能量密度为:

$$U_k = \frac{1.0 \times 10^8}{4\pi \times 5^2} \times \frac{1}{2 \times 3\,000} = 53.1 \ (\text{J/m}^3)$$

对比应力、应力波作用下的煤岩体能量可知,应力波主要引起煤岩体应力瞬间改变,而对煤岩体输入的能量则很有限,并且这一点有限的能量还将衰减后的震动波向外传播绝大部分。因此,在应力及应力波组合作用下,应力波主要起触发煤岩体破坏的作用,煤岩体破坏所需能量则主要由应力储存在煤岩体中的弹性变形能提供。

3.5.2 静应力及应力波耦合导致的煤岩损伤

应力及应力波组合下煤岩体损伤破坏主要与应力及应力波组合下应力状态的变化有关。设煤岩体空间某质点处的应力平面主应力为 σ_s,随时间变化的应力波平面应力为 σ_d,二者表达式分别如下:

$$\boldsymbol{\sigma}_s = \begin{bmatrix} \sigma_{s1} & 0 \\ 0 & \sigma_{s2} \end{bmatrix} \tag{3-8}$$

$$\boldsymbol{\sigma}_d = \begin{bmatrix} \sigma_{d1}(t) & \tau_d(t) \\ \tau_d(t) & \sigma_{d2}(t) \end{bmatrix} \tag{3-9}$$

式中 σ_{s1}, σ_{s2}——静载主应力的两个分量;

$\sigma_{d1}(t), \sigma_{d2}(t)$——两个随时间变化的动载正应力分量;

$\tau_d(t)$——动载的剪切应力分量。

则应力及应力波组合作用下,该质点的应力场为:

$$\boldsymbol{\sigma} = \begin{bmatrix} \sigma_{s1} + \sigma_{d1}(t) & \tau_d(t) \\ \tau_d(t) & \sigma_{s2} + \sigma_{d2}(t) \end{bmatrix} \tag{3-10}$$

应力及应力波组合下该质点的主应力变为:

$$\sigma_{p1,p2} = \frac{\sigma_{s1} + \sigma_{s2} + \sigma_{d1}(t) + \sigma_{d2}(t)}{2} \pm \sqrt{\frac{[\sigma_{s1} - \sigma_{s2} + \sigma_{d1}(t) - \sigma_{d2}(t)]^2}{4} + \tau_d(t)^2} \tag{3-11}$$

应力及应力波组合作用下,主应力轴相对于应力旋转的角度为:

$$\theta_p = \frac{1}{2}\arctan \frac{2\tau_d(t)}{\sigma_{s1} - \sigma_{s2} + \sigma_{d1}(t) - \sigma_{d2}(t)} \tag{3-12}$$

由此可见,应力及应力波组合作用下,煤岩体应力由应力及应力波组合形成,由于应力波衰减快,应力波分量往往比应力分量小很多。如能量达到 1.0×10^5 J 的矿震,距震源中心 3 m 处的最大震动速度为 3.65 m/s,估算最大应力波约为 36.5 MPa,而采空区侧煤体应力集中峰值可达 50 MPa 以上。因此,组合应力以应力分量为主,这与数值模拟结果较为相符。同时,由于应力及应力波作用的组合应力为时间 t 的函数,故组合应力处于不断的变化过程中。在应力波作用下,主应力方向随时间不断旋转变化,且变化的幅度主要与应力波的改变相关,应力波变化范围越大,相应应力主轴旋转的范围也越大。因此,在应力及应力波组合作用下,应力波起改变应力大小及方向的作用,当应力大小改变时,可使更大角度范围的裂纹达到临界应力而扩展,随着应力主轴的旋转,可使优势方向随之旋转,从而使更多方向上的裂纹扩展导致煤岩体损伤。

综上所述,在应力及应力波组合作用下,应力为基础,应力波起裂纹扩展触发作用。实际上,由于煤岩体中存在大量原生裂隙和次生裂隙,裂纹长度服从一定的概率分布,在应力作用下,各方向上的裂纹中长度大于该方向上当前应力状态的裂纹扩展临界长度时将扩展从而使煤岩体产生损伤,而长度小于该方向上扩展临界长度时则不扩展。当应力波作用时,一方面使组合应力大小提高,裂纹临界长度减小,使更多的裂纹扩展;另一方面使相同裂纹长度可扩展的分布方位角变宽,即使更大范围产状的裂纹产生扩展。如没有应力作为应力基础,仅单纯应力波作用要使裂纹扩展达到临界长度则困难得多,也即以应力为基础,应力波使煤岩体损伤瞬间加剧。

当应力波作用之后,煤岩体中大量裂纹长度已扩展增长,使得扩展临界应力减小,同时煤岩体内部裂纹扩展使损伤因子 D 增大,煤岩体有效应力提高,从而使临界裂纹长度减小。因此,应力波作用过后,在单纯应力作用下,煤岩体内裂纹将进一步扩展而使煤岩体进一步损伤。裂纹扩展将消耗煤岩体储存的弹性变形能。根据应力与弹性变形能的关系,在损伤过程中,煤岩体应力将减小,若煤岩系统无外在能量输入或应力向系统内转移,则煤岩系统将达到新的平衡状态。若煤岩系统达到平衡状态之前,煤岩损伤因子达到临界损伤因子 D^*,则煤岩体将产生破坏。

3.5.3 应力及应力波组合产生的结构面滑移卸载

研究表明,当裂纹方位角 β 趋近于角 $\arctan(1/f)$ 时,定长裂纹扩展所需的应力条件趋于无穷大。同时,裂纹方位角 β 与裂纹切斜角 α 互为余角。当裂纹方位角 β 趋近于 $\arctan(1/f)$ 时,α 趋近于 $\arctan f$(即摩擦角 φ),此时,裂纹面上剪切应力增量与摩擦力增量相等,即无论应力如何增大,裂纹面剪切应力都无法克服摩擦力而产生相对滑移,裂纹不能产生扩展,裂纹面处于应力"闭锁"状态。

当应力波作用于裂纹时,应力波将改变裂纹面的受力状态,使原本的应力"闭锁"结构产生"解锁"滑移。

图 3-16 为应力及应力波组合作用诱发结构面滑移模型。设一贯穿裂纹将宽为 a 的煤岩单元切割成 A、B 两部分,贯穿裂纹成为该单元的结构面,裂纹方位角为 β,裂纹切斜角为 α,该单元受应力 σ_s 作用,裂纹方位角 $\beta > \arctan(1/f)$,即 $\alpha < \varphi$,不计重力,在纯应力作用下,块体 A 沿结构面方向的受力为:

$$F_{as} = a\sigma_s \sin\alpha - a\sigma_s \cos\alpha \tan\varphi = a\sigma_s \cos\alpha(\tan\alpha - \tan\varphi) < 0 \qquad (3\text{-}13)$$

即块体 A 由应力产生的沿结构面向下的分力无法克服结构面摩擦阻力,故其不能产生滑移,处于稳定状态。

当受震动波作用产生应力波 σ_d 时,设应力波与 y 方向夹角为 ω,则应力与应力波组合作用下,块体 A 沿结构面方向的受力为:

$$F_{ac} = a\sigma_s \sin\alpha - a\sigma_s \cos\alpha \tan\varphi + a\sigma_d \cos\omega \sin(\alpha+\omega) - a\sigma_d \cos\omega \cos(\alpha+\omega)\tan\varphi$$

$$(3\text{-}14)$$

只要满足 $F_{ac} > 0$,结构面就会产生滑移,即结构面滑移的条件为:

$$\sigma_s \sin\alpha + \sigma_d \cos\omega \sin(\alpha+\omega) > [\sigma_s \cos\alpha + \sigma_d \cos\omega \cos(\alpha+\omega)]\tan\varphi \qquad (3\text{-}15)$$

由式(3-15)可见,除应力波 σ_d 与角度 ω 为变量外,其他参数均为定值,要使以上条件满足,只需应力波 σ_d 足够大,角度 $(\alpha+\omega) \to 90°$ 即可。

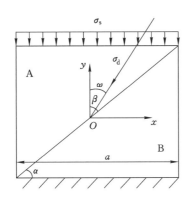

图 3-16　应力及应力波组合作用诱发结构面滑移模型

当应力保持不变,块体 A 沿结构面滑移 δ 时,块体 A 获得的动能为:

$$E_k = \delta F_{ac} \tag{3-16}$$

3.5.4　冲击应力波对煤体的破坏过程

利用图 3-17 所示的模型,设煤岩体破断产生的震动波传播到下方煤岩体中,取单位煤岩体为研究对象进行分析,将矿震应力波简化为由三角形脉冲波组成的一维应力波。

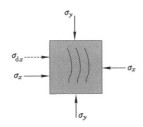

图 3-17　应力与应力波组合作用下煤岩体冲击破坏力学模型

3.5.4.1　致裂作用

在冲击应力波发生之前,在高原岩应力与支承压力作用下,自由空间附近 σ_y 远高于 σ_x,煤体中极易形成断裂面,并加剧煤体损伤程度,极端情况下将会出现层裂结构。当冲击应力波到达煤体后,设冲击震动波为三角形脉冲波,在不同层面发生反射,形成静拉应力区,在距离反射面一半波长处,拉应力 $\sigma(t)$ 将达到最大,在此过程中,满足:

$$\sigma(t) \geqslant \sigma'_t = \sigma_t/(1-D) \tag{3-17}$$

式中　σ_t——某一时刻冲击应力波强度;

σ'_t——损伤煤体极限抗拉强度;

D——应力作用后煤体损伤参量。

煤体发生层裂,即发生冲击应力波的发射卸载断裂效应。脉冲应力波作为时间的函数,将入射震动脉冲表示成通过任一截面的时程曲线 $\sigma(t)$ 的形式,设以脉冲波阵面达到该截面的时间为时间起点($t=0$),对于三角形脉冲波:

$$\sigma(t) = \bar{\sigma}_m \left(1 - \frac{ct}{\lambda}\right) \tag{3-18}$$

式中 $\bar{\sigma}_m$——脉冲波应力峰值；

λ——脉冲波波长；

c——波速。

在距离自由表面 δ 处满足最大拉应力破坏准则，即：

$$\sigma(0) - \sigma\left(\frac{2\delta}{c}\right) = \sigma'_t \tag{3-19}$$

3.5.4.2 冲击作用

煤体在冲击应力波动载作用下，不但会发生层裂破坏，而且形成的层裂结构具有一定的速度，因此具有冲击的动能。煤壁内首次层裂厚度的表达式为：

$$\delta_1 = \frac{\lambda}{2} \cdot \frac{\sigma'_t}{\bar{\sigma}_m} \tag{3-20}$$

入射脉冲波施加于煤体碎片的动量为：

$$\rho\delta_1 v_f = \int_0^{2\delta_1/c} \sigma(t)\mathrm{d}t = \frac{2\delta_1}{c} \cdot \left(1 - \frac{\delta_1}{\lambda}\bar{\sigma}_m\right) \tag{3-21}$$

式中 ρ——煤体碎片的密度；

δ_1——反射拉伸脉冲波阵面离开煤壁的距离；

v_f——煤块速度。

即：

$$v_f = \frac{2\bar{\sigma}_m - \sigma'_t}{\rho c} \tag{3-22}$$

单位煤体所具有的动能为：

$$E_b = \frac{1}{2}\rho v_f^2 = \frac{1}{2\rho}\left(\frac{2\bar{\sigma}_m - \sigma'_t}{c}\right)^2 \tag{3-23}$$

煤壁层裂产生的层裂碎片所具有的动能决定了煤块弹射、冲击发生的强度。

3.5.4.3 闭锁作用

矿震应力波的持续时间一般在 2 s 左右，而与煤体作用发生层裂用时则更短，根据式（3-20）可得反射发生后发生层裂的时刻 t_1 为：

$$t_1 = \frac{\delta_1}{c} = \frac{\lambda}{2c} \cdot \frac{\sigma'_t}{\bar{\sigma}_m} \tag{3-24}$$

例如，设煤矿震动波波速平均在 4 000 m/s，冲击应力峰值为 5 MPa，煤体抗拉强度为 1 MPa，振动频率为 20 Hz，则震动波到达反射面后，形成的层裂厚度为：$\delta_1 = 20$ m，层裂发生的时间为：$t_1 = 5$ ms。在如此短的时间内，煤体所受的支承压力还来不及变化，就被闭锁在 20 m 层裂面以内，结果导致 20 m 范围内的煤体承受着高支承压力，煤岩体破坏所消耗的能量降低，转化为动能的部分增大，当超过煤岩体冲击动力灾害最小动能后，就会发生冲击动力显现。

3.5.4.4 共振作用

由以上分析可知，震动波会造成煤体的层裂板结构，如果层裂板形成后，震动波尚未结束，虽然此时的震动波应力峰值较低，不能形成新的层裂板，但是，震动波依然能够造成层裂板的受迫震动,当动载荷频率接近层裂板的固有频率时,层裂板的弯矩幅值和挠度幅值都将急剧增加,即发生共振现象。为了防止共振现象的发生,必须让动载荷频率远离层裂板的固有频率,因此,得到层裂板的固有频率或者近似固有频率则是十分必要的。

基于能量原理的瑞利法是层裂板近似固有频率解法中最常用的一种方法。当薄板以某一频率 f 与振型 $W(x,y)$ 自由振动时,其挠度可以写成:

$$w = (A\cos ft + B\sin ft)W(x,y) \tag{3-25}$$

式中,A、B 为系数。

薄板经过平衡位置时为初始时刻($t=0$),即 $w_{t=0}=AW(x,y)=0$,则 $A=0$,式(3-25)可简化为:

$$w = W(x,y)\sin ft \tag{3-26}$$

假设薄板没有静载作用,则薄板的平衡位置为无挠度平面状态。当薄板距离平衡位置最远时,挠度达到最大值,速度为 0,此时薄板的动能为 0 而应变能最大。最大应变能为:

$$U_{\max} = \frac{D}{2}\iint\limits_{\Omega}\left\{(\nabla^2 W)^2 - 2(1-\mu)\left[\frac{\partial^2 W}{\partial x^2}\frac{\partial^2 W}{\partial y^2} - \left(\frac{\partial^2 W}{\partial x\partial y}\right)^2\right]\right\}\mathrm{d}x\,\mathrm{d}y \tag{3-27}$$

式中,μ 为薄板的泊松比。

薄板在平衡位置时,应变能为 0,动能取得最大值,最大动能为:

$$T_{\max} = \iint \frac{1}{2}\overline{m}\left(\frac{\partial w}{\partial t}\right)^2 \mathrm{d}x\,\mathrm{d}y = \frac{w^2}{2}\iint \frac{1}{2}\overline{m}W^2\mathrm{d}x\,\mathrm{d}y \tag{3-28}$$

式中,$\overline{m}$ 为板的单位面积质量。

根据能量守恒定律有:

$$U_{\max} - T_{\max} = 0 \tag{3-29}$$

从而可以解出弹性板的固有频率。

对于四边固支的矩形薄板,可设满足位移边界条件的振型函数为:

$$W = (x^2 - a^2)^2(y^2 - b^2)^2 \tag{3-30}$$

式中,a、b 分别为矩形板的长和宽。

将式(3-30)依次代入式(3-27)～式(3-29)可以得到四边固支条件下板的固有频率为:

$$f = \frac{\sqrt{\frac{63}{2}\left(a^4 + b^4 + \frac{4}{7}a^2b^2\right)}}{a^2b^2}\sqrt{\frac{D}{\overline{m}}} \tag{3-31}$$

对于四边简支的板,设振型函数为:

$$W = \sum_{m=1}^{\infty}\sum_{n=1}^{\infty}C_m\sin\frac{m\pi x}{a}\sin\frac{n\pi y}{b} \tag{3-32}$$

将式(3-32)依次代入式(3-27)～式(3-29)并取 $m=1,n=1$ 可以得到四边简支条件下板的最低固有频率为:

$$f = \pi^2\left(\frac{1}{a^2} + \frac{1}{b^2}\right)\sqrt{\frac{D}{\overline{m}}} \tag{3-33}$$

由式(3-33)可见,固有频率和板的抗弯刚度的开方成正比,即与弹性模量和板厚度呈正相关关系,如果煤壁中不存在层裂板,即可以看作板厚 $h \to \infty$,则 $f \to \infty$,这种情况下,外来震动波是不能诱发煤岩系统共振失稳的。举例说明如下,若煤矿巷道高度为 3 m,令 $a = b = 3.0$ m,煤体弹性模量 $E = 3.0$ GPa,泊松比 $\mu = 0.3$,密度 $\rho = 1\ 300$ kg/m³,板的厚度 $h = 1.0$ m,代入式(3-31)与式(3-33)可得四边固支与四边简支条件下的频率分别为 27.2 Hz 和 335.7 Hz。现场微震监测结果表明,顶板岩层震动波频率主要集中在 0~50 Hz,主频在 20~30 Hz,并且顶板越坚硬,频率越低;顶板越软,频率越高。当满足共振条件时,煤体层裂板的挠度、弯矩以及应力都达到最大值,而且从弹性系统稳定性理论角度来看,此时系统最易失稳。一般情况下,为了防止共振的发生,要求板的固有频率远高于外部动载频率,所以对煤层而言,如果能够采取一定的措施(如加强支护、注浆等)防止层裂的出现,则层裂板的频率会远高于顶板岩层震动波的频率;若不能阻止层裂板形成时,应使层裂板处于简支状态,简支条件下最低频率大约是四边固支条件下的 12 倍,此时可以采取的措施有煤体卸压爆破、形成破碎保护带等。

3.6 静载应力与动载应力波耦合诱发冲击机理与判据

由以上分析可知,顶板覆岩在变形破断过程中会增加煤体中的应力、能量,震动波会造成煤体的层裂、冲击与共振,这些因素与煤体的静载应力场以及弹性应变能场叠加后,满足了冲击地压发生的条件即会造成煤岩体的冲击破坏。实际上,覆岩顶板的每一个单项影响因素对冲击地压的发生都具有重要影响。因此,需建立一个综合函数来表示各影响因素对冲击地压的作用:

$$F(K) = F(\sigma, E, I) = F(K_1, K_2, K_3) \tag{3-34}$$

式中,应力因素 $F(\sigma)$ 用 $F(K_1)$ 表示;能量因素 $F(E)$ 用 $F(K_2)$ 表示;震动波冲击因素 $F(I)$ 用 $F(K_3)$ 表示。

当 $F(K) > 1$ 时,表示会发生冲击地压;当 $0 \leqslant F(K) < 1$ 时,表示不会发生冲击地压;当 $F(K) = 1$ 时为临界状态。$F(K)$ 的大小可以作为在顶板覆岩结构失稳作用下煤体是否发生冲击地压的判据。

$K_i(i = 1,2,3)$ 表示冲击地压发生的应力系数、能量系数与震动冲击系数,分别代表了冲击地压机理的强度理论、能量理论以及震动冲击效应。其中,$K_i = 0$ 表示第 i 种因素无影响;$0 < K_i < 1$ 表示第 i 种因素影响下,煤体处于稳定阶段;$K_i = 1$ 表示第 i 种因素影响下煤体达到了临界状态,是冲击地压的孕育与发展阶段;$K_i > 1$ 则表示在第 i 种因素作用下,冲击地压发生。

令:

$$F(K) = \max(K_i)(i = 1,2,3) \tag{3-35}$$

其中:

$$K_1 = \frac{\sum\limits_{j=1,2} \sigma_{j\max}}{R}, K_2 = \frac{\sum\limits_{j=1,2} E_{jE} - \sum E_p}{E_{k\min}}, K_3 = \frac{f}{f_0} \qquad (3-36)$$

式中　　$\sigma_{j\max}$——煤体中应力最大值,其中,$\sigma_{1\max}$为静载应力最大值,$\sigma_{2\max}$为外部动载最大值,

注:$\sigma_{1\max}$与$\sigma_{2\max}$为矢量叠加,因此,$\sigma_{2\max}$是使矢量叠加达到最大的动载荷分量;

　　　　R——发生冲击地压的临界应力,为安全起见,一般令R等于煤体的强度;

　　　　E_{jE}——煤体与围岩系统储存的弹性能与覆岩震动弹性能之和;

　　　　E_p——克服煤体破坏消耗的能量,包括克服摩擦内能、塑性变形耗散能、各种辐射能等;

　　　　$E_{k\min}$——煤体发生冲击破坏所应具备的最低动能,对单位体积的煤体来说,

$E_{k\min} = \dfrac{1}{2}\rho v_0^2$,研究表明,煤体质点速度 $v_0 < 1$ m/s 时,不可能发生冲击

地压,$v_0 \geqslant 10$ m/s 时,一定发生冲击地压,因此,$1 \leqslant v_0 < 10$ m/s;

　　　　f——覆岩震动波的优势频率,取值为一范围;

　　　　f_0——煤层中板结构固有频率。

对于 K_3 而言,若 $f > f_0$,说明顶板覆岩震动波频率高于煤层层裂板的固有频率,即 $K_3 > 1$。根据地震学理论可知,一般情况下,岩体破裂尺度越小,频率越高,能量越小,即可以忽略其对煤体的影响。3.5 节分析了顶板覆岩震动波对煤体有致裂、冲击、闭锁、共振 4 个方面的影响,而 K_3 只包含了共振方面的影响,实际上前 3 个方面的影响已经包含在 K_1、K_2 中。因此,K_1、K_2、K_3 包含了覆岩失稳诱发复合型冲击地压的最主要影响因素。

将式(3-36)代入式(3-34)可得:

$$
\begin{aligned}
F(K) &= F(K_1, K_2, K_3) \\
&= 1 - (1-K_1)(1-K_2)(1-K_3) \\
&= 1 - \prod_{i=1}^{3}(1-K_i) \\
&= 1 - \left[1 - \frac{\sum\limits_{j=1,2} \sigma_{j\max}}{R}\right]\left[1 - \frac{\sum\limits_{j=1,2} E_{jE} - \sum E_p}{E_{k\min}}\right]\left(1 - \frac{f}{f_0}\right)
\end{aligned}
\qquad (3-37)
$$

由此可见,对于覆岩运动失稳造成的复合型冲击地压,其发生机理可以是应力、能量与冲击波单独作用,也可以是两种及两种以上形式的复合作用,上式包含了冲击地压发生的充分必要条件。式(3-37)有以下 4 种含义:

(1) 覆岩破断与失稳产生的应力波与煤体中静载应力叠加,超过煤体发生冲击地压的临界值时,即发生冲击地压,此时冲击震源为煤体。

(2) 采场或巷道周边一部分煤体处于塑性区或者破碎区时,可将其看作松脱体,此时覆岩破断与失稳震动波能量对这部分煤体的作用为松散抛掷,巷道短时间内发生变形,此时冲击震源为覆岩。

(3) 煤体在覆岩震动波作用下形成层裂结构,尚能保持稳定,但震动波与层裂板形成共振,导致板的整体失稳,表现为冲击,此时冲击震源为覆岩与煤体。

（4）以上 3 种含义的组合。

实际上，冲击地压发生的机理十分复杂，各影响因素之间是相互联系、相互作用或相互包含的，并不是独立事件，但是，对复杂事件的机理研究，应该首先抓主要矛盾，然后抓次要矛盾。综上所述，千米深井静载应力与动载应力波耦合诱冲的机理如下：

（1）由于开采深度、地质构造、顶板变形的影响，采掘周围煤体静载应力高度集中，当达到冲击地压发生的最小应力后，煤体发生冲击式破坏，冲击地压发生。

（2）煤体静载应力集中程度较高，但是尚未超过煤岩体极限强度，顶板覆岩破断与失稳过程中所产生的震动波的动载与静载叠加后超过煤岩体强度，从而导致煤岩体发生冲击破坏，冲击动载起到了诱发作用。

（3）煤体静载应力集中程度不高，但覆岩震动波能量大，当震动波传播至煤体后，经过致裂、冲击作用后，导致煤岩体突然发生动态冲击破坏，冲击动载起到了主导作用。

（4）不管冲击过程是静载主导、动载诱发模式，还是动载主导冲击模式，从能量角度考虑，均可解释为煤岩体中的弹性能与覆岩震动能叠加后，一部分消耗于破坏煤岩体，一部分用于辐射耗散，还有一部分则转化为煤体的动能，当煤体的速度达到发生冲击地压的临界值时，即发生冲击地压。

（5）煤体在高静载应力场作用下，形成了一系列的层裂板结构，此时层裂板尚能够保持稳定，但在震动波作用下，层裂板发生共振失稳，导致系统在极短时间内发生整体性失稳，表现为冲击地压。

3.7　静载应力与动载应力波耦合作用的模拟研究

3.7.1　应力波与煤柱集中应力组合作用

目前对于静载应力与动载应力波耦合作用下煤岩体破坏的研究还不够深入。选取长、宽、高分别为 5 m、5 m、10 m 的煤柱作为研究对象，均匀划分网格，单元数为 2 000 个，如图 3-18(a)所示。

模型本构方程为摩尔-库仑强度准则，边界条件为底部固支，动载边界条件为动力黏滞边界，上部加载。考虑到实际开采时煤柱处于三向应力状态，因此，本次模拟煤柱力学参数适当放大，如表 3-2 所列。

对于动载的模拟，Prugger 等认为煤岩震动在集中应力作用下的震源过程可用一平滑的余弦时间函数进行近似表达[图 3-18(b)]，即：

$$A(t) = \begin{cases} \dfrac{1}{2} A_0 [1 - \cos(2\pi t/\tau)] & t_0 \leqslant t \leqslant \tau + t_0 \\ 0 & t < t_0, t > \tau + t_0 \end{cases} \quad (3\text{-}38)$$

式中　A_0——脉冲波最大应力的振幅峰值；

　　　τ——脉冲波宽度，$\tau = 1/f$，f 为振动频率；

　　　t_0——震源脉冲波起始时间。

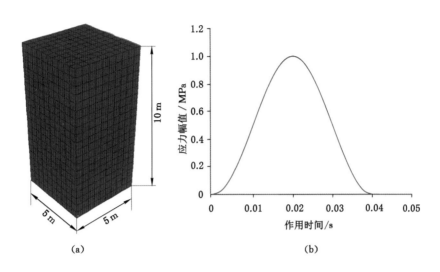

图 3-18　煤柱动静载组合加载三维模型与震源曲线

表 3-2　动静载组合加载试验煤柱力学参数

密度/(kg/m³)	体积弹性模量/GPa	剪切弹性模量/GPa	抗拉强度/MPa	黏聚力/MPa	内摩擦角/(°)
1 340	10.0	7.5	2.5	6.3	32

本次模拟取 $t_0 = 0$ s，$f = 25$ Hz，模拟方案为：静载分别为 10 MPa、15 MPa、18 MPa、20 MPa，动载峰值 A_0 分别为 10 MPa、15 MPa、20 MPa、25 MPa、30 MPa，共 20 个模拟方案。模拟过程中，监测煤柱中的应力分布与塑性区发展情况作为对比指标。

图 3-19 为静载为 10 MPa（即抗压强度的 40%），动载峰值分别为 10 MPa 与 30 MPa 时煤柱中的应力分布与塑性区特征。由图可知，当只施加静载时，煤柱中没有塑性破坏，保持稳定。施加动载后，即使动载峰值达到 30 MPa，此时煤柱顶部的最大应力为 40 MPa，为抗压强度的 1.6 倍，但是煤柱依然保持弹性状态，没有发生破坏。在动载逐渐增大的过程中，各监测点的应力峰值均呈线性增大，但是由于存在阻尼与耗散，最大值稍小于静载与动载之和。动载作用结束后，各监测点的应力恢复到静载状态。应力波在煤柱中的衰减很大，并且不是均匀衰减，而是指数型衰减，即首先迅速衰减，而后越来越慢。应力云图则显示了动力计算完成后，煤柱中心剖面的应力状态。由应力云图可以看出，虽然各监测点的应力时程曲线特征是类似的，但是最终应力分布却大不相同，动载峰值为 10 MPa 时在中上部存在一个高应力核区，而在动载峰值为 30 MPa 的情况下，此处分化为两个高应力核区，应力值稍高，但不明显。

图 3-20 为静载为 15 MPa（即抗压强度的 60%），动载峰值为 10 MPa 与 20 MPa 时煤柱中的应力分布与塑性区特征。与静载为 10 MPa 时的情况类似，只施加 15 MPa 静载时，煤柱中没有塑性破坏，保持稳定。施加动载后，动载峰值为 10 MPa 与 15 MPa 时煤柱没有发生塑性破坏，各监测点应力时程曲线与静载时大致相同。当动载峰值为 20 MPa

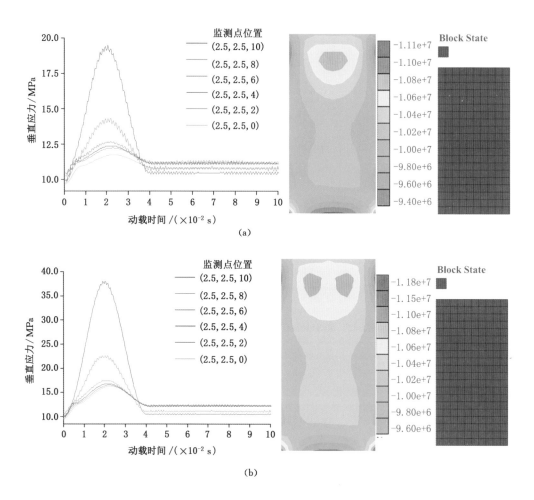

图 3-19　静载为 10 MPa 时的应力分布与塑性区特征
（a）动载峰值为 10 MPa；（b）动载峰值为 30 MPa

时,煤柱开始出现塑性破坏,即静载为 15 MPa,动静载组合加载到 35 MPa 时,煤柱出现破坏,相比静载应力为 10 MPa 时降低了至少 5 MPa,出现塑性区后,随着动载应力峰值的提高,塑性区范围急剧扩大,应力时程曲线特征开始发生变化,除顶部的 1 号监测点之外,其余监测点应力曲线呈现双峰特征,并且动载作用结束后,1 号监测点应力并没有恢复到原始静载水平,而是低于其他各监测点。可见,静载应力的提高,会降低煤体破坏所需的动静载组合总应力水平。冲击结束后,弹性状态时应力云图的分布则与静载为 10 MPa 时类似,而等到塑性区出现后,高应力核区变为低应力核区,四周为高应力区域。

图 3-21 为静载为 18 MPa(即抗压强度的 72%),动载峰值为 10 MPa 与 30 MPa 时煤柱中的应力分布与塑性区特征。只施加 18 MPa 静载时,煤柱中同样没有塑性破坏,保持稳定。但是在施加 10 MPa 动载后,煤柱开始出现塑性破坏,且以剪切破坏为主,同时还出现了拉破坏。也就是说动静载组合加载到 28 MPa 时,煤柱出现破坏,相比静载应力为 15 MPa 时降低了 7 MPa,塑性区面积远高于静载为 15 MPa 和动载峰值为 20 MPa 组合

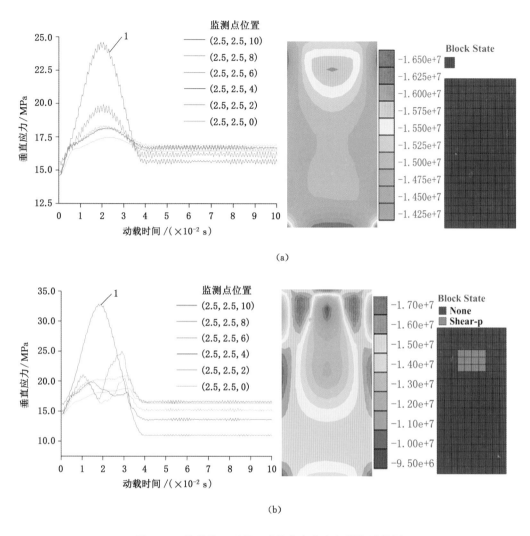

图 3-20 静载为 15 MPa 时的应力分布与塑性区特征

(a) 动载峰值为 10 MPa；(b) 动载峰值为 20 MPa

情况,并且高于静载为 15 MPa 和动载峰值为 30 MPa 组合情况,当动载增加到 30 MPa 时,煤柱几乎完全破坏。从图 3-21(a)可以看出,静载应力的提高不但降低了破坏煤体所需的动载应力值,同时放大了动载破坏程度,应力时程曲线特征开始发生变化,除顶部的 1 号监测点之外,其余监测点应力曲线呈现双峰特征,并且底部应力出现峰值时间往后推迟。冲击结束后,应力云图的分布整体上与静载为 15 MPa 出现塑性破坏时类似,不同的是高应力区域的范围减小,低应力区域的范围扩大。

图 3-22 为静载为 20 MPa(即抗压强度的 80%),动载峰值为 10 MPa 与 30 MPa 时煤柱中的应力分布与塑性区特征。当施加 20 MPa 静载时,煤柱中已经出现了塑性破坏,但范围很小。施加 10 MPa 动载后,煤柱大面积破坏,破坏范围大于静载为 18 MPa 和动载峰值为 30 MPa 的组合情况。这进一步说明了静载的增大对煤体破坏影响非常

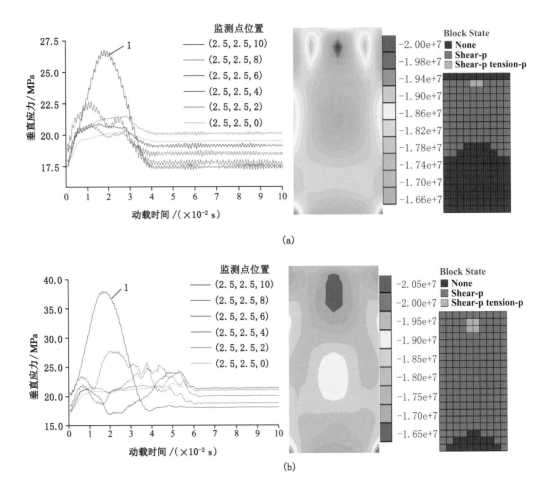

图 3-21　静载为 18 MPa 时的应力分布与塑性区特征

（a）动载峰值为 10 MPa；（b）动载峰值为 30 MPa

大，尤其是在静载已经出现塑性破坏时，小能量的动载就会导致煤柱的全部破坏。动载施加到 20 MPa 时，煤柱则完全破坏。从监测点应力时程曲线可以看出，1 号监测点的应力最大值与动静载绝对值之和的差值增大，同时煤柱底部应力变化加剧，呈现应力震荡的特点。从应力云图可以看出，动载为 10 MPa 时，上部高应力区消失；动载为 30 MPa 时，中部出现高应力核区，从顶部到底部，依次为低应力区、高应力区、低应力区交替出现。

图 3-23（a）为不同静载状态下，煤柱中的最大垂直应力随动载峰值的变化曲线。由图可以看出，不管静载应力值的大小，随着动载峰值的加大，煤柱中的最大垂直应力均呈线性增大，但是曲线斜率不同，随着静载应力的加大，尤其是塑性区的出现，曲线斜率越来越小，并且最大垂直应力也降低。静载为 20 MPa 时的最大垂直应力一直小于静载为 18 MPa 时的最大垂直应力，动载峰值达到 20 MPa 以后，静载为 18 MPa 与

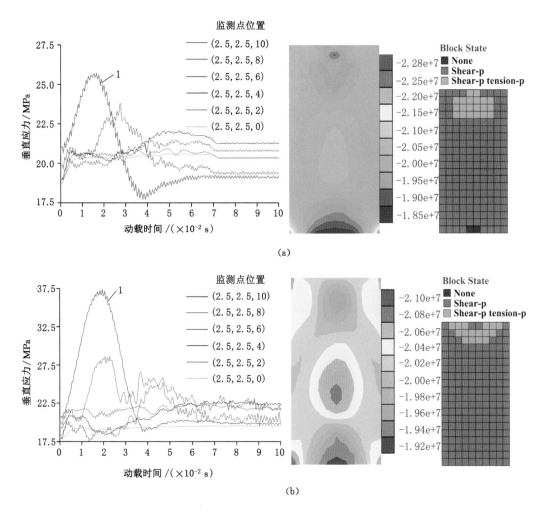

图 3-22　静载为 20 MPa 时的应力分布与塑性区特征

(a) 动载峰值为 10 MPa；(b) 动载峰值为 30 MPa

20 MPa 时的最大垂直应力小于静载为 15 MPa 时的最大垂直应力，而动载峰值达到 30 MPa 以后，静载为 10 MPa 状态下的动静载组合后最大垂直应力将大于其他静载状态。图 3-23(b) 为煤柱实际最大应力与动静载组合绝对值之和的差值随静载的变化曲线。由图可以看出，随着静载的加大，应力差值越来越大，说明煤柱出现塑性破坏后，应力叠加程度降低。

图 3-24 为不同静载状态下煤柱中塑性区所占比例与出现塑性区的最小动载变化图。由图可知，静载的提高不但降低了煤柱破坏所要求的动载值，同时降低了塑性破坏的动静载之和。并且高静载对动载的破坏具有放大作用，当静载接近煤柱强度，或者煤柱中已经出现塑性破坏时，小动载即可造成煤柱的大范围破坏，这说明了当煤柱处于高应力状态时，自身破坏所需的动力扰动较小，破坏煤柱所需的能量主要来自煤体自身在静载作用下所储存的弹性能，而动载能量对于煤柱的破坏作用小于静载能

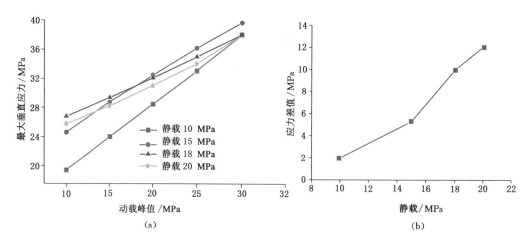

图 3-23　不同静载状态下煤柱中的最大垂直应力及应力差值分布特征
（a）最大垂直应力随动载峰值的变化曲线；（b）应力差值随静载的变化曲线

量，此时，动载能量将转化为动能等其他形式的能量，因此，在动静载之和相同的情况下，高静载和低动载组合方式的冲击危险性要比低静载和高动载组合方式大得多，这是深部开采所面临的困难。

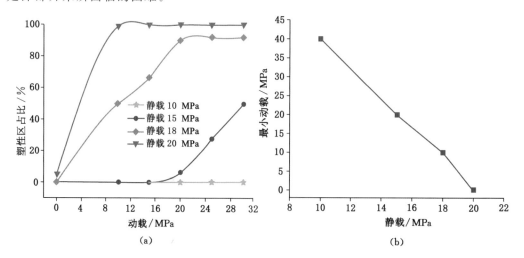

图 3-24　不同静载状态下煤柱塑性区发展特征
（a）塑性区占比随动载的变化曲线；（b）塑性破坏所需的最小动载

3.7.2　采掘围岩应力与应力波组合作用

3.7.2.1　数值模型的建立

　　数值模拟模型根据三河尖煤矿 9202 工作面实际地质状况和采矿条件建立。9202 工作面 7 煤层和 9 煤层的厚度均为 2.0 m。9 煤层底板从下往上依次是：细砂岩 28.0 m，粉细砂岩互层 1.0 m，泥岩 1.0 m；7 煤层与 9 煤层之间的夹层由下往上依次是：粉砂泥岩 1.0 m，中砂岩 9.0 m，砂、泥岩互层 2.0 m，中砂岩 9.0 m，粉砂岩 4.0 m；7 煤层顶板为粉砂岩 3.0 m,中细砂岩 14.0 m,中砂岩 20.0 m,中粗砂岩 30.0 m。各岩层力学性质根据实际情况而定,材料本构模型为摩尔-库仑模型。

根据矿震能量与震源处质点振动速度的统计,能量为 10^6 J 级的矿震震源处质点振动速度约为 8~12 m/s,同时算得 P 波波速约为 3 000 m/s,由应力波动载计算公式求得震源处应力波动载约为 60 MPa。因此,模拟过程中应力波强度采用 60 MPa,同时施加水平应力波分量及垂直应力波分量,模拟顶板拉剪破坏产生的应力波作用。应力波动载施加于巷道上方砂岩顶板中(图 3-25),采用水平为 10 m 长的线震源来模拟矿井实际开采的面震源,震源震动频率为 50 Hz,应力波动载形式为正弦波,作用 2 个周期。

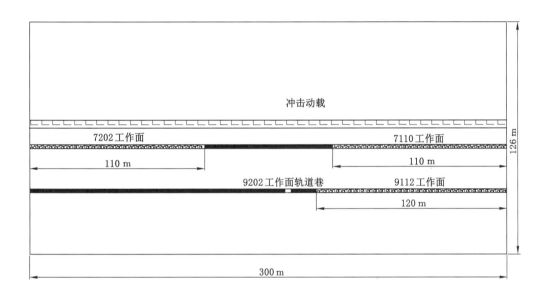

图 3-25　采掘过程应力与应力波对巷道破坏模拟模型

3.7.2.2　应力波的传播过程与特征

因工作面开采后形成的应力重新分布,当应力与应力波叠加时,模拟显示的应力分布是组合应力的结果,不能体现应力波的传播特点。由于应力波与质点振动速度为线性相关关系,故质点速度云图可直观显示应力波的传播过程。图 3-26 为应力波作用过程中质点垂直速度云图的演化过程,其代表了垂直方向上应力波动载的演化过程。

由图 3-26 可知,应力波传播具有以下特点:① 采动诱发的岩体破断等面震源,其近震源处应力波阵面形似椭球状,随着传播距离增大,应力波趋向于球形扩散,近震源处动载作用不能简单地将震源视为点震源;② 纵波和横波能量具有优势传播方向;③ 采空区对应力波产生了隔离作用,波从疏松介质向致密介质传播时将产生反射,波传播减少,透射波主要在疏松介质中耗散,设置塑性区弱结构可减弱应力波的传播。

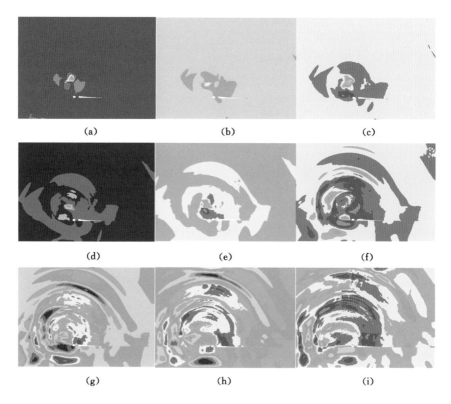

图 3-26 应力波作用过程中质点垂直速度云图的演化过程

(a) 50 时步；(b) 100 时步；(c) 150 时步；(d) 200 时步；(e) 250 时步；

(f) 300 时步；(g) 350 时步；(h) 400 时步；(i) 450 时步

采动应力波与静载应力叠加的应力云图演化过程如图 3-27 所示。由图可得，应力波传播过程与静载应力叠加有如下特征：① 弹性高应力区应力波传播效果较好，衰减较慢，与巷道实体煤帮叠加产生高应力集中，煤岩冲击动力灾害易发生在巷道具有弹性核区的一帮，与实际冲击显现相符；② 应力波可绕过巷道及采空区边沿向底板弹性高应力区传播，如 300 时步、350 时步、450 时步的应力云图所示，对于底板具有高应力集中区的情况，顶板采动应力波可诱发底板型冲击显现；③ 应力波诱发巷道边界等区域煤岩体震荡将持续一段时间，在应力重新获得平衡过程中，应力叠加将持续进行，在此过程中可诱发滞后冲击显现；④ 采空区塑性区对应力波起到了很好的吸收作用，采动应力波未引起采空区顶板应力的显著变化。

3.7.2.3　应力波引起的煤体主应力变化

理论分析表明，应力波作用下煤体主应力大小及方向的改变是煤岩体裂纹扩展损伤的主要原因。图 3-28、图 3-29 分别为应力波作用过程中巷道实体煤侧煤壁处与距煤壁 5 m 处垂直应力及水平应力与主应力的关系。由图可知，垂直应力与最大主应力以及水平应力与最小主应力在应力波作用过程中均存在较大差异，且其大小不断地变

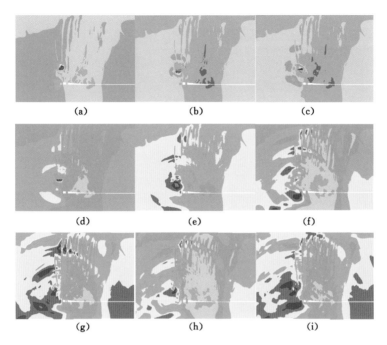

图 3-27　采动应力波与静载应力叠加的应力云图演化过程

(a) 50 时步；(b) 100 时步；(c) 150 时步；(d) 200 时步；(e) 250 时步；

(f) 300 时步；(g) 350 时步；(h) 400 时步；(i) 450 时步

化。图 3-30 为煤壁处及距煤壁 5 m 处主应力轴与坐标轴的关系。由图可知,应力波作用过程中煤体主应力轴旋转范围可达到近 $90°$,即最大主应力与最小主应力方向可发生交换。在此过程中,处于任何方位的裂纹均可在某时刻与裂纹扩展优势方向重合,裂纹扩展机会增加,即在静载应力作用下不易扩展的裂纹则在应力波作用下存在扩展的可能,同时应力波作用过程短暂,在极短的时间内大量裂纹扩展将导致煤岩体瞬间急剧损伤,使损伤因子在应力波作用时达到临界损伤因子的概率急剧增大,从而诱发煤岩体产生不可避免的破坏。

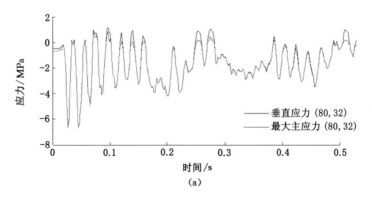

图 3-28　煤壁处垂直应力及水平应力与主应力关系

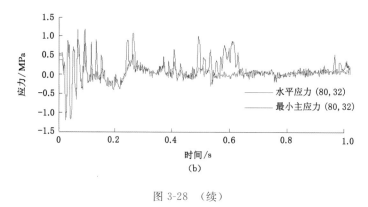

(b)

图 3-28 (续)

（a）煤壁处垂直应力与主应力关系；（b）煤壁处水平应力与主应力关系

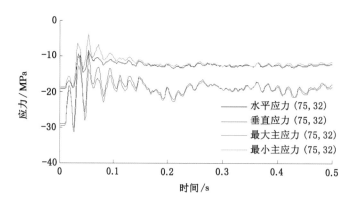

图 3-29 距煤壁 5 m 处垂直应力及水平应力与主应力关系

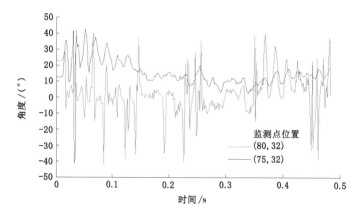

图 3-30 煤壁处及距煤壁 5 m 处主应力轴与坐标轴的关系

　　主应力的差应力演变过程如图 3-31 所示,其表明在应力波作用过程中煤体主应力的差应力处于波动状态,且在波动过程中某些时刻的差应力较静载时成倍增大;由裂纹扩展的应力条件可知,增大主应力的差应力可减小裂纹扩展的最大主应力,从而使裂纹扩展变得容易,进而使煤体损伤加剧,进一步增大了煤体破坏的概率,即在应力波作用下,煤体的局部强度减弱。这也是实际生活中低于材料强度的冲击应力波在多轮作用下使材料疲劳破坏的主要原因。

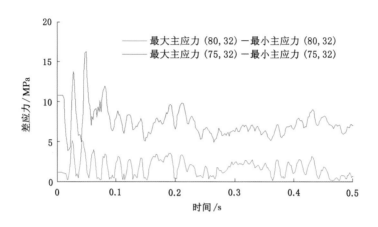

图 3-31   主应力的差应力演变过程

3.7.2.4   应力波诱发煤体弹性变形能释放

理论和模拟研究表明,应力波作用时煤岩体损伤加剧,在静载条件下不能破坏的煤岩区域也可能发生破坏,从而释放静载储存的弹性变形能。图 3-32 为巷道煤壁处及距煤壁 5 m 处煤体在应力波作用之后水平应力、垂直应力随时间的变化曲线。由图可知,巷道表面处静载较小,表现不及距煤壁 5 m 处明显。距煤壁 5 m 处应力波作用后,静载水平应力降低了 6.7 MPa,垂直应力降低了 10.6 MPa。煤体释放的弹性变形能约为 1.1×10^5 J/m^3,若不考虑衰减只考虑几何扩散条件应力波的能量为 2.0×10^2 J/m^2,可见对于高静载条件下的冲击破坏,静载是煤岩破坏的主要能量来源,应力波主要起触发煤体损伤破坏的作用。当然,对于低静载条件下的应力波诱发冲击破坏,应力波输入的能量在诱发煤体冲击破坏过程中也起重要作用,如浅部工作面的煤岩冲击动力灾害显现多为强烈应力波诱发。模拟结果与应力及应力波组合加载试验结果一致,即当静载应力较高时,煤岩体表现为静载破坏形态;当静载应力较低,应力波动载较高时,煤岩体则表现为动载破坏形态。

3.7.2.5   应力波诱发煤体破坏及变形失稳

数值模拟研究表明,应力波诱发煤体损伤破坏及失稳表现为以下几个方面:

(1)应力与应力波组合作用下主应力方向及大小发生变化,使裂纹扩展范围增大,从而使损伤加剧。

(2)主应力的差应力增大,使裂纹扩展临界最大主应力减小,从而使煤岩体损伤变得容易。

(3)应力波使煤体损伤加剧,使煤体有效应力增大,降低煤体宏观强度,当煤体宏观强度低于静载时诱发煤体持续破坏。

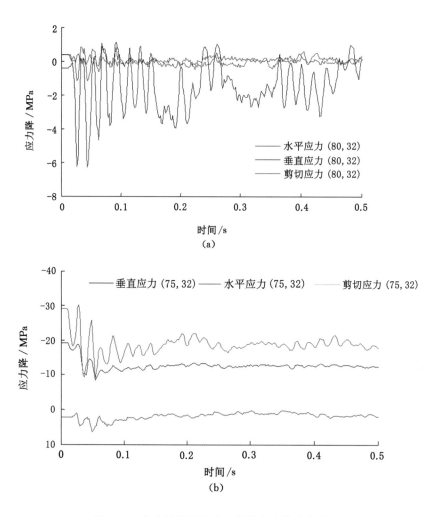

图 3-32 应力波作用过程中煤体产生的应力降
(a) 煤壁处应力降;(b) 距煤壁 5 m 处应力降

(4) 自由面附近应力波发生反射,出现拉应力,改变煤体受力状态,使煤体从受压状态变为受拉状态,强度显著减小而破坏。

(5) 应力与应力波组合使某些时刻煤体的水平应力大于其垂直应力,使煤体在强度低的水平方向承载,从而使煤体在水平方向上出现大变形,最终导致煤体失稳破坏。

图 3-33 为应力波作用过程中煤壁水平位移时程曲线。由图可知,当应力波作用时,巷道煤体表面水平位移瞬间从 72 mm 增加到 140 mm,此过程仅用时 0.09 s,之后在残余应力波扰动下巷道表面水平位移并未明显增大,说明主震产生的高主差应力在诱发煤体变形失稳中起主要作用。巷道煤体表面水平位移瞬间变化 68 mm,如果巷道未采用合理而有效的支护形式,极有可能诱发冲击显现。

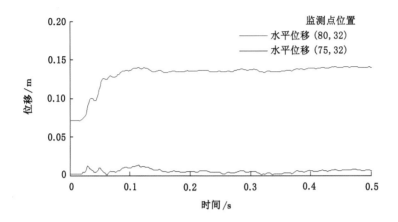

图 3-33   应力波作用过程中煤壁水平位移时程曲线

3.8   深部巷道掘进围岩应力路径演化与破裂特征

3.8.1   煤巷掘进围岩应力路径演化特征

按照采掘工序,煤巷可分为掘进巷道和回采巷道。

原岩地层的煤体在自重应力和构造应力的共同作用下,处于三向压应力的状态。煤体开挖后,围岩的倾向应力瞬间消失,煤体逐渐向巷道空间移动,形成卸载作用;而沿着巷道走向方向上,受到相邻煤体的约束作用,位移可近似认为不变;巷道围岩竖向方向上受应力转移的影响,煤体逐渐受到加载作用。如果将巷道围岩煤体看成是由无数个微小的煤样单元组成,则煤巷掘进过程中的围岩煤体应力路径可看成如图 3-34(a)所示的竖向加载-倾向卸载-走向应变不变的三轴应力应变路径。需要说明的是,对于巷道围岩的破碎区来说,应力处于非稳定性变化状态,不满足掘巷的应力路径特征,此应力路径特征适应于巷道围岩的弹性区和塑性区。

回采巷道围岩在走向方向上受工作面开采作用应力逐渐卸载,竖向方向上的顶板下沉给予加载作用,倾向方向上应力受其他两种应力的影响,形成了如图 3-34(b)所示的竖向加载-走向卸载的应力路径特征。

根据国内外学者的研究成果可知,应力路径对煤岩体的损伤破坏具有重要的影响。为了研究煤巷掘进围岩应力路径特征,掘进应力路径下煤体的应力、破坏特征及对冲击地压的作用规律,采取了数值模拟和实验室实验研究方法。

3.8.2   煤巷掘进围岩应力路径演化特征证明

3.8.2.1   模拟模型的建立及其参数

为了研究煤巷开挖过程中应力路径演化特征,采用 FLAC³ᴰ 模拟软件进行巷道开挖模拟实验。在巷道帮部位置每间隔 0.1 m 布置 1 个监测点,巷帮 20 m 范围内共布置 200 个监测点,以监测掘进过程中巷帮的倾向应力应变、走向应力应变和竖向应力应变的变化过程,

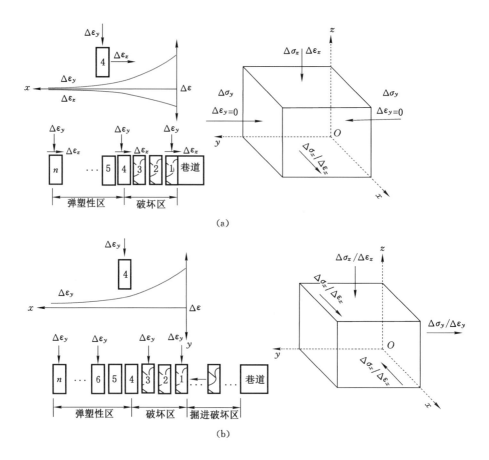

x 方向—巷道走向方向；y 方向—巷道竖向方向；z 方向—巷道倾向方向。

图 3-34　掘进和回采的应力路径图

（a）掘进期间的应力路径；（b）回采期间的应力路径

如图 3-35(a)所示。所建模型煤层厚度为 4 m，顶、底板分别为厚 10 m 的泥岩和厚 10 m 的砂岩，以六面块体作为模型基本单元；煤层网格尺寸为 0.5 m×0.5 m×0.5 m，远离煤层方向上网格尺寸逐渐增大，最大网格尺寸为 2 m×2 m×2 m。模拟模型如图 3-35(b)所示。

3.8.2.2　结果分析

（1）煤巷掘进过程中围岩应力应变路径特征。

图 3-36 为通过模拟得出的距离巷道自由面不同距离处竖向应力应变、倾向应力应变、走向应力应变图，模拟的巷道初始埋深为 1 000 m，巷道宽度和高度均为 4 m；在距离巷道自由面 0~4 m 范围内为破坏区，4~20 m 范围内为弹塑性区。根据 FLAC[3D] 软件关于应变正负号的定义，图 3-36(a)中正值代表拉伸应变，负值代表压缩应变。

由掘进巷道围岩的弹塑性区三向应力应变图可知，煤巷开挖后，倾向煤体向巷道空间移动，煤体受到拉伸作用，应力逐渐降低；巷道竖向煤体则相互挤压，应力逐渐增加；巷道走向方向上，因受到相邻煤体的约束作用，应力几乎不变，走向应变也基本表现出这种特

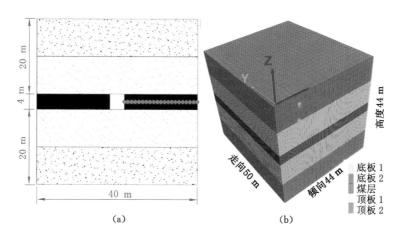

图 3-35　巷道围岩监测点布置示意及模拟模型

（a）巷道围岩监测点布置示意；（b）模拟模型

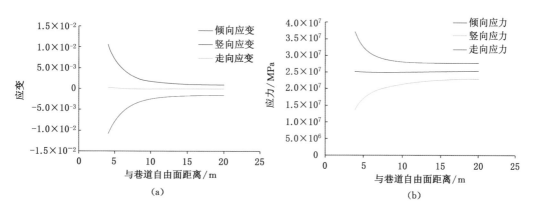

图 3-36　掘巷过程中围岩三向应变、应力随与巷道自由面距离的变化曲线

（a）围岩三向应变；（b）围岩三向应力

征。研究表明,掘进巷道围岩具有竖向加载-倾向卸载-走向应变不变的三轴应力应变路径特征。处于破碎区的煤体,倾向应力不再呈现增加的趋势,不满足掘进巷道的应力路径特征。

（2）煤巷掘进过程中围岩应力路径的转换。

图 3-37 为与巷道自由面不同距离下围岩加卸载应变率及卸加比（卸载侧应变速率与加载侧应变速率比值）变化曲线。由图可见,卸加比和加卸载应变率均随着与巷道自由面距离的增加呈指数衰减趋势。在弹塑性区,卸加比在 0～3 波动,随着与巷道自由面距离的增大,卸加比逐渐减小,最终数值接近于泊松比 0.3,说明煤巷掘进围岩后期不存在卸载状态特征,仅存在加载作用。卸加比与距巷道自由面距离的关系可用下式表示：

$$h' = 5.03x^{-1.31} + 0.3 \qquad (3\text{-}39)$$

式中　x——与巷道自由面距离；

h'——卸加比。

应变率是指煤巷开挖过程中平均每一个计算时步所产生的应变值,此处选用倾向的卸载速率(加载速率和卸载速率比值在0.3~3)来反映巷道围岩应变率。随着与巷道自由面距离的减小,围岩应变率呈指数函数上升趋势,可用下式表示:

$$\varepsilon' = 7 \times 10^{-5} x^{-2.3} \tag{3-40}$$

式中 ε'——应变率。

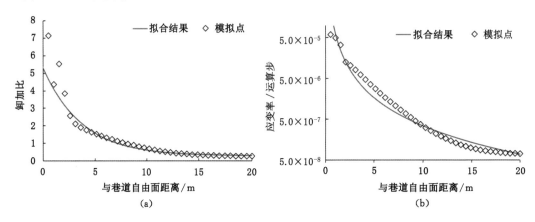

图 3-37 掘巷过程中围岩卸加比及应变率随与巷道自由面距离的变化曲线

(a) 围岩卸加比;(b) 围岩应变率

3.9 本章小结

(1) 基于现场微震监测数据,提出了徐州矿区千米深井冲击地压模式为静载应力与动载应力波耦合作用下的复合型冲击地压。

(2) 基于断裂损伤力学,系统研究了动载应力波、动载应力波与静载应力耦合作用对煤岩体的冲击破坏机理。

① 在静载应力作用下,煤岩体具有裂纹扩展的优势方向,损伤只在局部较小范围内发生;只有局部方向长度超过临界长度的裂纹才能扩展,使煤岩体产生损伤;增大垂直方向与水平方向的差应力,可增大裂纹扩展范围。

② 在应力波作用下,应力大小及方向随时间改变,裂纹扩展优势方向也随时间改变,增大了煤岩体损伤范围,应力波幅值越大,频率越低,持续时间越长,煤岩体损伤越大。应力与应力波组合作用时,高应力条件下,静载应力主要提供冲击破坏的能量,应力波主要起触发损伤的作用;低应力条件下,应力波既触发损伤破坏,又提供破坏所需的大部分能量。应力波作用下,煤岩体表现出损伤加剧、结构面产生解锁滑移、自由面附近产生反射拉应力等破坏失稳现象。

③ 震动对煤体的破坏主要有 4 个作用:入射波与反射波的致裂作用、应力波冲击作用、应力波作用时间极短的闭锁作用与震动波作用下的层裂板结构共振作用。

（3）建立了综合函数 $F(K)$ 来表示应力、能量、震动共振因素的影响。$F(K)$ 值的大小可以作为静载应力与动载应力波耦合作用下煤体是否发生冲击地压的判据。对于覆岩运动失稳造成的复合型冲击地压，其发生机理可以是应力、能量或冲击波单独作用，也可以是两种及两种以上形式的复合作用，其包含了冲击地压发生的充分必要条件。

（4）以煤柱为研究对象，模拟了不同应力与应力波组合加载条件下煤体的破坏发展规律。结果表明，应力与应力波组合后对煤体的作用并不能简单地等效为叠加后应力对煤体的破坏，应力波组合中静载应力的作用更大；静载应力的提高，能有效降低破坏煤体所需的应力波强度。同时说明了当煤柱处于高应力状态时，破坏煤柱所需的能量主要来自煤体自身应力作用下所储存的弹性能，而应力波能量对于破坏煤柱的作用小于应力。此时，应力波能量将转化为其他形式的能量，因此，在组合应力相同的情况下，高应力和低应力波组合方式的冲击危险性要高于低应力和高应力波组合方式。

（5）模拟了采动应力场作用下，动载应力波对巷道的破坏过程。结果表明，应力与应力波组合作用下主应力方向及大小发生变化，使裂纹扩展范围增大，从而使损伤加剧；主应力的差应力增大，使裂纹扩展临界最大主应力减小，从而使煤岩体损伤变得容易；应力波使煤体损伤加剧，煤体有效应力增大、宏观强度降低，当煤体强度低于静载时诱发煤体持续破坏；自由面附近应力波发生反射出现拉应力，改变煤体受力状态，使煤体从受压状态转为受拉状态，强度显著减小，最终导致煤体失稳破坏。

（6）对深部煤巷掘进过程中的围岩应力路径进行了分析，在煤巷掘进过程中，围岩应力路径呈现出竖向加载-倾向卸载-走向应变不变的应力应变路径特征，随着与巷道自由面距离的增大，卸加比和加卸载应变率减小。

4 徐州矿区深井开采冲击地区防治设计规范研究

工作面冲击地压的发生受地质构造与采矿活动的影响,虽然具体发生冲击的时间、地点很难预测,但是从统计结果来看,冲击地压的发生地点具有一定的规律性,即冲击地压的发生与高应力和地质构造区域密切相关。由前章分析可知,徐州矿区深井开采冲击地压的发生受区域地质构造与开采历史影响显著,尤其是历史不合理的开采方法、矿井开拓与准备方式、煤柱留设、巷道布置等造成的局部高应力集中,是导致各矿井冲击地压的重要因素。

合理的开采布局与工作面参数设计能够有效地避免应力集中的形成与叠加,对于防止冲击地压的发生具有巨大作用。国内外冲击地压的统计研究表明,多数冲击地压是开采技术不合理造成的,不正确的开拓开采方式一经形成就难以改变,在煤层开采时,只能采取局部解危措施,并且不能保证治理效果。因此,合理的开采布局与开采方案是实现冲击地压源头治理的重要措施。

因此,在明确了控制冲击地压发生的主要因素、诱发机制的基础上,制定符合徐州矿区深井地质特征与生产技术条件的矿井设计规范与采煤方法,对于提高徐州矿区整体防冲能力、彻底改变被动卸压防冲局面具有重大意义。基于此,本书研究制定了《冲击地压危险采区设计与实施规范》,在各矿井实施后取得了显著效果。

4.1 《冲击地压危险采区设计与实施规范》

4.1.1 总则

第1条 随着开采深度和开采范围的增加,徐州矿务集团有限公司部分矿井出现冲击地压危险,有些矿井、采区的冲击地压显现强烈。为安全开采煤炭资源,做好矿井特别是采区的冲击地压防治工作,结合徐州矿务集团有限公司实际,编制本规范。

第2条 本规范以《煤矿安全规程》《防治煤矿冲击地压细则》《煤炭工业矿井设计规范》《江苏煤矿冲击地压防治暂行规定》等有关文件及冲击地压防治理论与技术经验为依据编制。

第3条 冲击地压危险采区进行采掘活动时,应严格按照冲击倾向鉴定、开采设计优化、冲击地压危险性评估、冲击地压危险区域划分、采取防范措施、冲击危险预测预报、实行解危措施、进行效果检查的基本程序进行,并编制专门设计和安全技术措施。

第4条 冲击地压危险采区采掘作业规程还应有采区地质构造分析说明、采动边界位置与影响范围、冲击地压危险性评估、防治措施、爆破作业要求及应急预案等内容,并按要求编制采掘工作面区域性防治冲击地压措施。

第5条 冲击地压危险采区的生产计划安排应考虑防治冲击地压措施的影响,合理确定产量、进尺等指标。

第 6 条　冲击地压危险采区设计、作业规程及安全技术措施的编制应执行本规范。

第 7 条　本规范未提及的有关事宜,按相关规程、规范和徐州矿务集团有限公司有关规定执行。

第 8 条　本规范自下发之日起执行。解释权属徐州矿务集团有限公司。

4.1.2　冲击地压危险性评估

第 9 条　采区设计必须进行冲击地压危险性评估,采区的冲击地压危险性评估可采用综合指数法和多因素耦合法。

第 10 条　采用综合指数法对地质因素和开采技术因素进行评估,根据地质因素评估的冲击地压危险指数 W_{t1} 和开采技术因素评估的冲击地压危险指数 W_{t2} 确定冲击地压危险综合指数($W_t = \max\{W_{t1}, W_{t2}\}$),并确定相应冲击地压危险等级、状态和防治对策。

第 11 条　采用多因素耦合法确定采区不同地段的多因素耦合指数,并评估相应的冲击地压危险程度。

第 12 条　确定采区冲击地压危险指数、等级和重点治理区域,评估结果作为制定冲击地压危险采区预卸压、监测治理、效果检验及个体防护方案等的依据。

4.1.3　巷道、硐室布置

第 13 条　冲击地压危险采区巷道布置应遵循以下原则:

1. 采区运输道、总回风道、上(下)山等主要巷道应布置在稳定的岩层中或无冲击地压危险的适宜煤层中。确需布置在冲击地压危险煤层中时,应采取监测和治理措施。

2. 煤层群开采时,巷道布置应根据需要考虑有利于开采保护层,条件具备时首先开采上保护层,条件适宜的采区优先考虑跨上(下)山开采,不留上(下)山煤柱。

3. 考虑冲击地压危险影响因素,优化采区巷道及工作面布置。

第 14 条　采区上(下)山布置。按层位和数目有多种不同形式和组合,上(下)山的布置层位、用途和数目应根据采区情况并考虑冲击地压危险性提出多方案进行技术经济比较后确定。上(下)山的平面间距及空间位置应根据采地质条件、开采技术等影响因素合理选择,岩石上(下)山距煤层间距一般不小于 10 m。

1. 两条上(下)山布置。按层位有两煤、一岩一煤及两岩上(下)山。多用于不必设专用回风道、生产能力相对不大的采区。

① 两煤层上(下)山:B 级及以下冲击地压危险煤层、煤巷容易维护时,上(下)山可布置在同一煤层或近距煤层群不同煤层中,同层布置时平面间距一般不小于 20 m。

② 一岩一煤上(下)山:为避免进、回风巷道的平面交叉,条件适宜时,一条上(下)山布置在煤层中,另一条上(下)山布置在底板岩石中。

③ 两条岩石上(下)山:多在底板布置两条具有一定层位差的上(下)山,可用于单一厚煤层、煤层群下层为厚煤层、D 级冲击地压危险煤层、煤巷维护较困难的采区。

2. 三条上(下)山布置。按层位有两岩一煤、两煤一岩、三岩及三煤上(下)山。

① 两岩一煤上(下)山:为探查煤层情况,沿煤层布置一条上(下)山,两岩石上(下)山布置在底板中。煤层上(下)山的平面位置宜在两岩石上(下)山中间。

② 两煤一岩上(下)山:在两煤层上(下)山布置的基础上增设一条底板岩石上(下)

山。岩石上山平面位置宜在两煤层上(下)山的中间。

③ 三条岩石上(下)山:多在煤层底板岩石中布置,选择稳定的岩层、适宜的平面间距和空间位置。可用于开采煤层层数多、厚度大、储量丰富的采区,以及瓦斯涌出量大、煤层具有 D 级冲击地压危险、煤巷维护困难的采区。

④ 三条煤层上(下)山:多用于煤层无冲击地压危险、煤巷维护较容易的单一厚煤层或煤层群联合布置的采区。煤层具有 B 级及以上冲击地压危险时不宜布置全煤上(下)山。

3. 根据生产能力、开采条件变化和有关要求,在下列情况下可考虑增设一条上(下)山,即布置 4 条采区上(下)山,层位和间距应考虑冲击地压危险性和采区具体情况优选。

① 生产能力大的厚煤层采区,或煤层群联合布置的采区。

② 生产能力较大、瓦斯涌出量大的采区,特别是下山采区。

③ 生产能力大、上下区段同时生产,需要完善或简化运输和通风系统的采区。

④ 运输、轨道和回风上(下)山均布置在煤层底板中、需要探清煤层变化的采区。

第 15 条 冲击地压危险采区工作面长度一般不小于 100 m,应尽量将受断层等影响可能遗留的煤柱一并带采。

第 16 条 联络巷布置。

采区上(下)山间、顺槽间、车场硐室间应尽量减少联络巷的设置,联络巷与相连巷道的夹角一般不应小于 60°,最好成直角。

采区上(下)山与区段巷道常用的联络方式为区段石门或斜巷,当煤层倾角较大(一般大于 15°)、层间距较小时,多采用区段石门联络;当煤层倾角较小、煤层数目较多、层间距较大时,宜采用斜巷联络。条件具备时,区段联络巷应采用集中布置,以减少揭穿煤层的次数和工程量。轨道中部甩车场应考虑留有适宜的车场长度。

第 17 条 区段巷道布置。

1. 近距离煤层区段巷道的布置有外错式、垂直式及内错式。近距离煤层巷道应优先采用内错式布置,当内错式布置层间距小于 30 m 时,水平错距以 10 m 为宜,使下层煤巷处于上煤层采空区的卸压带内或避开应力增高区。

2. 巷道布置应尽可能保持直线,减少因地质构造等影响产生的弯折;布设位置应尽可能避开高应力区影响。

第 18 条 采区内煤柱留设。

煤柱的留设应综合考虑开采条件和煤层赋存条件等因素,避免形成高应力区。

1. 上煤层开采不应留有对下煤层开采不利的煤柱。

2. 采区间隔离煤柱宽度一般不小于 50 m。

3. 区段煤柱宽度优先选用 3~6 m 的小煤柱,或 50 m 以上的大煤柱。

4. 上(下)山与工作面停采线间保护煤柱的宽度应分析各种影响因素综合考虑确定,一般 D 级冲击地压危险区不宜小于 80 m,C 级冲击地压危险区不宜小于 50 m,B 级冲击地压危险区不宜小于 30 m。

5. 停采线距离井底车场、水仓泵房、人员及设备材料聚集区域应留有合适的煤柱宽度,以大于 50 m 为宜。

6. 断层等地质构造区域以及为特殊开采服务留设的保护煤柱等,应考虑冲击地压危险程度并符合设计规范和有关规定。

第 19 条 工作面开切眼及停采线设置。

1. 相邻工作面开切眼及停采线的位置应尽可能对齐。应避免出现三角形等不规则煤柱。

2. 工作面开切眼及停采线尽量避免布置在断层、褶曲等地质构造带附近。

3. 多煤层开采时,下层工作面的开切眼和停采线应布置在上煤层的卸压保护带内,并尽可能不越过上层工作面的开切眼或停采线。

第 20 条 巷道交叉点设计要求。

1. 巷道设计应尽量减少交叉点,特别是多巷道交叉点,减少联络巷,避免交叉点应力集中。

2. 交叉点设计应根据所处区域的冲击地压危险程度,合理选择交叉形式、断面形状、支护方式和参数,冲击地压危险区交叉点巷道夹角应尽量设计成直角,根据需要选择适宜的平面曲率半径,并扩刷圆弧段。

3. 巷道立体交叉时最小间距不应小于 5 m;平面交叉时在满足相关尺寸和预留变形量的前提下应尽量减小跨度和高度;多交叉点区域,交叉点的间隔不宜小于 30 m。

第 21 条 采区硐室设计要求。

1. 采区硐室的跨度和空间较大,其布置原则与主要巷道一样应优先选择在稳定的岩层或煤层内,避开高地应力和支承压力区,尽量不在巷道密集区设硐室,减少与巷道间的相互影响。条件具备时,可布置在采空区的下方,与上部煤层间、上部煤柱边缘留有适宜的垂直和水平距离。

2. 硐室断面最好为圆形或直墙拱顶形,少采用矩形、梯形或不规则形状。宜采用锚杆锚索(加网)、喷射混凝土和可缩性 U 型钢支架等具有整体性结构的柔性支护,必要时施工反底拱。

3. 距离 D 级冲击地压危险区域小于 300 m、C 级冲击地压危险区域小于 150 m 时,应利用爆破卸压、钻孔卸压等方式设置宽度不小于 10 m 的弱结构保护带。

4.1.4 巷道掘进

第 22 条 根据巷道设计及接续情况、地质条件及冲击危险性等综合考虑掘进工艺选择,条件具备时,煤巷优先选用综掘工艺,岩巷优先选用机械化作业线。

第 23 条 C 级及以上冲击地压危险采区巷道宽度应大于 4.5 m 或断面大于 10 m²,D 级冲击地压危险区断面形式应为直墙拱顶加反底拱。

第 24 条 巷道掘进应采用正规循环作业,保持匀速掘进,C 级及以上冲击地压危险区域进度不大于 15 m/d。

第 25 条 C 级及以上冲击地压危险区域巷道掘进须在迎头及巷帮设置卸压带,一次卸压深度不小于 15 m,掘进过程中应保持迎头卸压带深度不小于 5 m。

第 26 条 岩巷在揭穿煤层时要制定专门的预卸压措施,应在距离揭穿煤层前 5 m 处采取巷道迎头施工深度不小于 15 m 的卸压钻孔,并根据钻屑量和钻进过程的动力现象判断冲击地压危险程度,确认无冲击危险后方可揭穿煤层。

第 27 条 厚煤层内掘进巷道时应防底板型冲击地压,优先采用跟底板掘进,确需留底煤时,底煤厚度不宜大于 2 m,否则应根据冲击地压危险性采取适宜的底煤卸压措施。

第 28 条 冲击地压危险采区应避免煤层双巷或多巷同时掘进。当两平行巷道间距小于 50 m 时,掘进工作面前后错距不宜小于 300 m,C 级及以上冲击地压危险区域相向掘进的巷道相距 100 m 时,应停止一个头掘进。

第 29 条 硐室掘进应在无采掘扰动的区域进行,或待其周边采掘活动引起的应力分布稳定后进行。

第 30 条 巷道支护应采取具有整体性结构的柔性支护方式。在掘进工作面、巷道交叉点、强冲击地压危险区域等地点须加强支护。

第 31 条 工作面开切眼时,第一次掘出切眼宽度不小于 4.5 m,切眼应采用锚杆挂钢带、铺金属网、锚索补强联合支护,在切眼施工过程中及工作面安装期间,对巷道围岩应力及变化情况进行监测,据监测情况及时采取大直径钻孔等卸压措施。

第 32 条 采煤工作面需开跳面切眼时,应避开超前支承压力影响区。

第 33 条 交叉点支护可根据现场实际情况选择锚网(索)、可缩 U 型钢支架、门式支架及 O 型支架的一种或联合支护方式,加强支护范围不小于 10 m。

1. B 级及以下冲击地压危险、巷道围岩较稳定区域内的巷道交叉点可选用锚网(索)支护。

2. C 级冲击地压危险、巷道围岩变形较大区域内的巷道交叉点可选用锚网(索)或锚网(索)加可缩 U 型钢支架支护。

3. D 级冲击地压危险区域内的巷道交叉点可选用锚网(索)加门式支架或 O 型支架联合支护。

第 34 条 D 级冲击地压危险采区巷道每 300 m 设置一个躲避硐室,净宽、净高不小于 2 m,深度不大于 3 m,宜选择半圆拱形断面,采用锚索加强支护或锚网(索)加可缩 U 型钢支架支护。

第 35 条 顺槽车场及料场巷道宽度不宜小于 5 m,长度不小于 30 m,宜在原支护基础上加强支护。

第 36 条 巷道内敷设的通信电缆应采用铠装电缆,风、水管路等应具有相对较高的抗弯曲和挤压能力,在灾害发生时能保持通信和具有一定的供风、送水能力。

第 37 条 电缆、管路要悬挂在巷帮适当位置,吊挂高度尽量降低,最低处距底板不应高于 0.2 m;必要的设备、材料应存放在工作面 150 m 以外,尽量放置在巷道底板,码放整齐,高度不应大于 0.8 m,管线物料等要可靠固定。料场 100 m 范围内不宜存放车辆,钻具、钻杆等工具妥善放置,巷道内杂物清理干净,保持畅通。

4.1.5 工作面回采

第 38 条 评估为冲击地压危险的采区,如具备开采保护层的条件,应优先开采保护层。

1. 开采保护层时要合理安排开采顺序,充分发挥卸压效果,避免形成应力集中;保护层内整个块段要回采干净,对于必须要留煤柱的区域,留设煤柱宽度宜为 3~6 m 或 50 m 以上,同时要将煤柱的尺寸准确标注在采掘工程图上,被保护层的采掘工程图上也应相应地标出煤柱区和有效卸压范围。在煤柱影响区进行采掘作业时,必须采取冲击地压危险治理措施。

2.当被保护层工作面与保护层工作面同采时,推进方向应一致,被保护层工作面宜保持滞后 300 m 以上的距离。开采保护层以后,在保护层的有效卸压范围和有效期限内的煤层,可正常进行开采。

第 39 条　采区内开采顺序要合理,避免因煤体应力重新分布使巷道、硐室处于高应力区。

1.合理安排采区内工作面的接续,尽量避免形成孤岛工作面。

2.在向斜构造中应从轴部开始回采。

3.在盆地构造中应从盆底开始回采。

4.断层附近应背向断层方向回采或面向断层的斜交方向推进。

5.采区一翼各工作面的推进方向应一致,双翼采区应尽量避免采动有相互影响的工作面同时相向推进,采煤工作面应尽可能保持直线推进。

第 40 条　厚及特厚煤层应优先使用分层开采。煤层厚度变化大、顶板不稳定的厚及特厚煤层应采用综采放顶煤开采,避免使用大采高一次采全高。

第 41 条　开采冲击地压危险采区时,一般不采用短壁采煤法,采用长壁采煤法的工作面长度应大于 100 m。

第 42 条　冲击地压危险工作面应优先采用支护强度高、抗冲击能力强、工作空间大的综合机械化开采工艺或综合机械化放顶煤开采工艺。工作面支架应有足够的初撑力、工作阻力、可缩量以及快速大流量的安全阀。

第 43 条　工作面必须加强端头、切顶线和超前支护,超前支护段长度不小于 150 m,D 级冲击地压危险工作面,超前支护段长度应达到 300 m。

第 44 条　工作面两道煤壁向外 300 m 范围,不宜放置动力列车等设备。两道必要的设备、零散物料要采取固定措施。

第 45 条　工作面回采巷道卸压带的宽度一般大于 10 m 或 3.5 倍的采高(或巷道高度)。

第 46 条　工作面应保持匀速推进,结合矿震及矿压显现情况确定合适的推进速度,一般 C 级冲击地压危险工作面不应大于 6~8 m/d,D 级冲击地压危险工作面不应大于 4~6 m/d;矿压明显异常或工作面周边 100 m 范围以内的高能量矿震(1×10^4 J 以上)数量大于 2 次/d 时,应降低推进速度。

第 47 条　综采(放)工作面距离设计停采线 15 m 时,应适当降低采高或停止放煤。

第 48 条　停采线应定在顶板最后一次周期来压结束时的位置。

第 49 条　工作面停采后,应采用钻屑法对煤壁及超前 50 m 巷道帮部进行全面监测,并根据监测结果采取必要的卸压及加强支护措施。

第 50 条　工作面拆除支架过程中,应每天对工作面超前支承压力区进行不少于 2 个孔的钻屑量抽检(两道至少各 1 个),以确定支架移除后顶板活动对矿压显现的影响程度,必要时采取卸压措施。

第 51 条　受地质构造、开采条件限制等影响需要留煤柱时,必须经过充分论证,并将煤柱尺寸、位置标示在采掘工程图上。在未开采保护层条件下,对已形成的残留煤柱、孤岛工作面等高应力区,开采前必须进行冲击地压危险性评估,按程序报批。具备开采条件的,要编制开采设计、制定防冲专项安全技术措施。

第 52 条 特殊情况下回采时冲击地压防治原则。

1. 采煤工作面停产 3 d 以上,在工作面恢复生产的前 1 d 内,应监测分析冲击地压危险性和危险区域,必要时采取相应的解危措施。C 级及以上冲击地压危险工作面恢复生产后,初始推进速度应不大于 2.5 m/d,以后每天增加 1～2 刀到正常值。

2. 工作面向老空区、大断层、向斜轴等应力集中区附近推进时,应提前 50～100 m 采取卸压措施,危险解除后方可继续回采。

3. 煤层群开采联合布置的采区上(下)山受两翼工作面采动反复影响,当工作面距离上(下)山小于 300 m 时,应对采动应力影响区采取监测和解危措施。

4. 采煤工作面与掘进工作面直线距离小于 300 m 时,应进行监测,扰动明显时停止其中一个工作面的作业。

4.1.6 冲击地压监测及治理

第 53 条 采区冲击地压危险程度的预测结果和相应治理措施,由矿生产技术部门制定并报矿总工程师批准后执行。

第 54 条 评估为冲击地压危险的采区,可采用电磁辐射法、钻屑法、微震法及采动应力观测法监测冲击地压危险性。评估为 B 级冲击地压危险的区域,电磁辐射和钻屑量监测频率为每周各至少 1 次;评估为 C 级冲击地压危险的区域,电磁辐射和钻屑量监测频率为每周各至少 3 次;评估为 D 级冲击地压危险的区域,电磁辐射和钻屑量每天至少各监测 1 次,微震系统实时监测。

第 55 条 现场监测确定的冲击地压危险等级和状态分为 A 级(无冲击地压危险)、B 级(弱冲击地压危险)、C 级(中等冲击地压危险)和 D 级(强冲击地压危险)。

监测到 A 级无冲击地压危险时,可正常生产;监测到 B 级冲击地压危险时,采取以大直径钻孔为主的解危措施;监测到 C 级冲击地压危险时,采取以大直径钻孔或煤体爆破为主的解危措施;监测到 D 级冲击地压危险时,停止作业,人员撤离危险区域,采取以煤体爆破或顶板预裂等为主的解危措施。实施解危措施后必须进行效果检验,对于 B 级和 C 级冲击地压危险,冲击危险解除后当班可恢复生产;对于 D 级冲击地压危险,应连续监测两班,均无冲击危险后,方可恢复生产。

第 56 条 电磁辐射仪初始的监测指标预警值一般为:幅值最大值 100～150 mV,脉冲数 1 000～1 500。井下使用 1～2 个月后,可根据实验室试验与现场监测情况对比分析后确定。监测及预警要求如下:

1. 天线要垂直煤壁,天线距煤壁间距不大于 100 mm,采取挂牌、定点、按顺序进行监测,并做好记录。

2. 当监测的电磁辐射强度值或脉冲数超过临界值时,预示有冲击地压危险。

3. 当同一地点或区域的电磁辐射强度值或脉冲数随时间(以班或天为单位)呈现增长趋势或先呈增长趋势,而后突然降低,之后又呈增长趋势时,预示工作面冲击地压危险程度升高。

第 57 条 冲击地压危险区域或强矿压显现的地点,应实施钻屑量监测。监测指标有单位长度钻孔煤粉质量(kg/m)或体积(L/m)和动力效应等。钻屑量监测除遵循相关规定外还应注意以下几点：

1. 结合工作面的具体地质条件、生产技术条件和微震监测情况，圈定钻屑量监测区域和地点。采煤工作面应沿工作面煤壁和超前支承压力影响区范围的巷道内布置监测带，掘进巷道应在迎头及后方布置监测带。

2. 钻孔深度在 10～15 m，钻孔间距 5～10 m。

3. 监测过程中如果出现较强烈的煤炮、卡钻、吸钻等动力现象或单孔钻屑量大于100 kg 时，应停止监测，撤出人员，按 D 级冲击地压危险进行治理。

第 58 条 采用微震法监测冲击地压危险时，应基于区域内发生的矿震活动情况，以每日震动活动为基本单元，对比分析 3～7 d 内震动发生的频次、能量及分布特征，根据矿震活动的变化、震源方位和活动趋势预测冲击地压危险等级和状态。微震法预测冲击地压危险的一般规律有：

1. 矿震活动一直较平稳，并持续维持在较低的能量水平，预示围岩处于能量稳定释放阶段，可正常生产。

2. 矿震活动频次或能量持续增加 2～3 d，且维持在较高水平；矿震能量先经历一个震动活跃期，之后出现明显下降，但频次维持在较高水平，为 C 级或 D 级冲击地压危险。

3. 震动能量越高，冲击地压发生的可能性越大。一般情况下，单次震动能量低于 1×10^4 J 时，为 A 级无冲击地压危险；震动能量超过 1×10^4 J、低于 1×10^5 J 时，为 B 级冲击地压危险；震动能量超过 1×10^5 J、低于 1×10^6 J 时，为 C 级冲击地压危险；震动能量超过 1×10^6 J 时，为 D 级冲击地压危险。

4. 矿震活动与采掘活动有密切关系，当出现较强的矿震活动时，应从时间序列分析与采掘活动的关系，逐次远离采掘线时危险性较低，逐次向采掘线靠近时，冲击危险性升高，应加强防范，采用钻屑法等手段进行验证。

第 59 条 对 C 级及以上冲击地压危险工作面可实施采动应力在线监测。通过在工作面巷道实体煤内安设钻孔应力计，测量应力分布情况及其变化趋势，预测冲击地压危险程度。

第 60 条 建立采区冲击地压危险预测预报制度。

1. 采用电磁辐射法、钻屑法和微震法等采集的数据资料，当班须根据对应指标的临界值进行对比分析；正常情况下每天对当天的资料进行分析，每周对本周的资料综合分析一次，如果数据超过临界值或出现较大变化等异常现象，须及时进行当班相邻地点的横向综合对比分析以及相邻时间段内的纵向综合对比分析，以确定工作地区的冲击地压危险区范围、危险程度以及变化情况。

2. 对于采掘区域的冲击地压危险程度，监测人员应每天给出预测结果(分 A 级、B 级、C级和 D 级冲击地压危险预测)和相应的处理意见(监测、卸压钻孔、卸压爆破等实施范围及参数)，对于 C 级及以上冲击地压危险，相应的解危措施需经矿总工程师批准后实施。

第 61 条 应根据冲击地压危险的评估和实际监测结果选择治理措施，并根据实际条件，采用现场试验的方法确定具体实施参数。冲击地压危险的常规治理措施主要有煤层钻孔卸压、煤层爆破卸压、煤岩体注水、强制放顶、顶板预裂、底板预裂等。

第 62 条 煤层钻孔卸压。

1. 煤层卸压钻孔直径为 $100\sim300$ mm,钻孔深度一般应达到 $10\sim50$ m。

2. 在采煤工作面或巷道两帮打卸压孔时,钻孔间距为 $2\sim5$ m,距底板 $1.2\sim1.5$ m,在掘进工作面打卸压孔时,钻孔应打在断面靠近中心位置。

3. 实施煤层钻孔卸压措施后,可用钻屑法进行效果检验,钻屑孔布置在 2 个卸压孔之间,距原卸压孔不小于 1 m,深度 $10\sim15$ m,方向要平行于卸压孔。若钻屑量仍然超过临界值,须在原卸压孔之间继续施工卸压孔,直至钻屑量正常。

第 63 条 煤层爆破卸压。

1. 爆破孔深度取决于所需卸压带的宽度,且须超过煤体应力集中区域,炮眼深度一般选取 $10\sim30$ m。

2. 装药长度约为爆破孔深度的一半,封孔长度不小于 4 m,爆破孔的直径一般为 $42\sim50$ mm,钻孔间距 $5\sim20$ m。

3. 当顶板条件较差时应降低爆破孔位置。

4. 连线方式为孔内并联、孔间串联。

5. 爆破孔施工后要及时装药、引爆,以防塌孔或炸药压死而出现拒爆。

第 64 条 煤岩体注水。

1. 注水压力不低于 6 MPa,注水孔的间距一般为 $5\sim20$ m,封孔长度大于巷道破碎圈的深度,一般在 10 m 以上,并随注水压力的升高而加大封孔长度。

2. 提前注水时间不少于 30 d,超前注水距离工作面不少于 100 m。若平均含水率或平均含水增量未达到要求,或在大范围内(150 m² 以上)含水率不增加时,应改进注水参数或施工方法,以改善注水效果。注水的时效期一般为 3 个月。

第 65 条 强制放顶。

采空区局部走向悬顶大于 20 m 时,应采取强制放顶措施。

1. 强制放顶可沿煤壁进行,钻孔朝向采空区倾角不大于 $10°$。

2. 炮孔布置在支架架间,一次放顶岩层厚度应大于 $2\sim5$ 倍采高。

3. 工作面推过放顶位置后,如果顶板仍不垮落,要再次进行强制放顶。

第 66 条 顶板预裂。

坚硬顶板条件的工作面可采取顶板预裂措施降低冲击地压危险程度,应根据具体情况编制专项设计。

1. 工作面超前顶板预裂时,在工作面两道对称位置每隔一定距离布置一组钻孔,钻孔朝向工作面实体煤侧,钻孔角度、深度根据顶板岩性、厚度及工作面长度等因素综合确定。

2. 上区段工作面采空区悬顶预裂时,在回采巷道内每隔一定距离布置钻孔,钻孔朝向上区段工作面采空区侧,钻孔深度以贯穿预裂的坚硬顶板为准。

3. 定向裂缝法预裂顶板时,应预先在顶板岩层形成裂缝,然后采用高压液体或炸药,使顶板岩层沿预先形成的裂缝破裂。

4. 实施顶板预裂后,可根据工作面来压步距、强度和超前支承压力区的电磁辐射、钻屑量、检验钻孔或致裂压力的变化情况检验预裂效果。

第 67 条 底板预裂。

1.钻孔预裂底板时,在巷道中心线上布置一排钻孔,钻孔间距 0.5 m,钻孔深度以贯穿需要卸压的底板厚度为准,一般 3～5 m。

2.爆破预裂底板时,钻孔间距 2 m,钻孔深度以贯穿需要卸压的底板厚度为准,一般 3～5 m,垂直底板,装药量及封孔长度均为钻孔深度的一半,每 2～3 个钻孔为一组起爆。

3.封孔要封严封实,以爆破后底板产生孔间贯穿裂缝为准。

4.实施底板预裂后,可通过监测对应煤帮处的电磁辐射、钻屑量和爆破区域的底鼓量进行效果检验,一般底板预裂措施实施后 1～3 d 内的底鼓量应大于 200 mm。

第 68 条 爆破作业时,躲炮人员应站立口张开,不得在巷道交叉口及设备集中处躲炮。躲炮时间大于 30 min,躲炮半径 150 m 以上。躲炮结束后方可派专人查看,如果巷道围岩有异响或感觉到震动,人员应立即撤出,30 min 后再次派专人查看,待响声及震感消失、围岩趋于稳定,确认无危险后,工作人员方可进入。

第 69 条 实施冲击地压解危措施后必须进行效果检验。效果检验的方法有电磁辐射法、钻屑法和微震法等,对比分析解危措施前后的监测数据变化情况,判断冲击地压危险是否解除。当检验仍具有冲击地压危险时,需继续采取解危措施,直到经检验冲击地压危险解除为止。

第 70 条 冲击地压危险治理费用必须列入矿井年度安全费用计划,以保证满足防冲工作需要。

第 71 条 冲击地压危险治理装备与材料由专人负责管理,装备与材料明细要存档,定期核查装备的完好状态,损坏及陈旧装备应及时维修或更换。

第 72 条 冲击地压危险矿井必须依据《矿山事故灾难应急预案》等有关规定编制冲击地压事故应急救援预案,并组织相关人员进行培训与演练。事故应急救援还应注意以下几点:

1.通风系统破坏时可利用压风管路等向事故地点输送新鲜空气。

2.预防冲击地压事故伴生的瓦斯、顶板等次生灾害,防止事故扩大。

3.事故救援结束后,对事故区域重新进行冲击地压危险性评估并制定治理措施。

4.1.7 图纸资料

第 73 条 冲击地压危险采区设计应在原有图纸基础上增加以下图纸或内容:

1.煤层厚度变化图

2.坚硬顶板厚度变化图

3.顶板岩性变化图

4.保护层煤柱尺寸、位置及影响范围平面图

5.遗留边角煤柱尺寸、位置及影响范围平面图

6.冲击地压危险性评估分段定级平面图

7.冲击地压危险区域及限制人员区域平面图

8.避灾路线(躲避硐室)平面图

9.电磁辐射、钻屑、微震等监测设计方案及具体实施布置图

10.钻孔、注水、爆破等治理设计方案及具体实施布置图

第 74 条 图纸应清楚反映各煤层开采情况、遗留煤柱的位置与尺寸、开采边界及影

响范围、本区及相邻区域开采情况及地质构造、巷道布置、支护方式、设备与管线敷设方式、冲击地压危险防治区域等。

第 75 条 随采掘接续及变化情况及时更新图纸。所有图纸应存档,并由专人管理。

4.2 深部多煤层采区全区域无煤柱卸压开采防冲技术

徐州矿区深井属于超千米开采采区,大部分开采深度超过 1 200 m,加之煤层冲击倾向性、地质构造等其他因素,冲击地压影响因素多,应力集中程度高,采区深部冲击危险性整体大。由于历史开采技术的原因,徐州矿区千米深井均采用传统的上下山采区式准备方式,采用留设保护煤柱的方法对大巷进行保护。进入深部后,采用浅部煤柱留设方法已经不能满足安全需求,在煤柱区冲击地压频发,严重威胁了主系统巷道的安全性,给矿井的开拓部署带来了极大的隐患。如果采取增大保护煤柱的方式,则煤炭损失量太大,对于徐州矿区目前资源储量不足是沉重的打击。为了减轻与控制深部采区冲击地压危险,采区开采方案优化设计是最有效、最根本的战略性措施,为此,提出了多煤层采区全区域无煤柱卸压开采防冲技术,对于有条件的矿井积极采用。如图 4-1 所示为多煤层全区域卸压开采的巷道布置系统示意图,以庞庄煤矿张小楼井－1 025 m 水平采区设计为例。

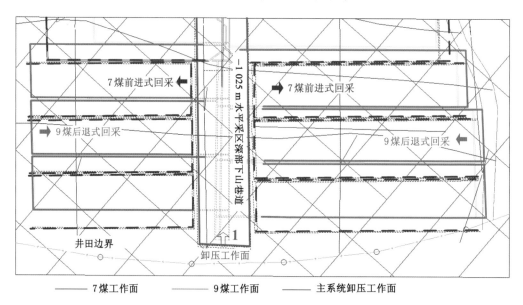

图 4-1 多煤层全区域卸压开采的巷道布置系统示意图

该方案的开采方法为:① 首先在设计的西一下山主系统大巷上方 7 煤中布置一个卸压工作面,卸压工作面开采结束后,在其下方采空区中掘进主系统巷道,由于处于卸压工作面采空区保护下,巷道压力小,易于维护,同时冲击地压危险降到最低。② 卸压工作面开采后,7 煤工作面采用前进式回采,开采方向为从下山到采区边界,利用在 9 煤中开掘巷道运煤、行人与通风。7 煤工作面与卸压工作面之间仅留设 3～5 m 小煤柱。③ 7 煤区域性开采结束后,再进行 9 煤开采。9 煤工作面为后退式开采,开采方向为从采区边界至下山巷道。

此方案为西一下山采区无煤柱开采,实现整体区域卸压后,冲击危险性较大的9煤上、下山巷道得到保护。

4.3　深部多/单煤层采区主系统卸压煤柱转移开采防冲技术

如果上覆煤层地质条件与生产技术方法不适合采用前进式回采,或者上覆煤层不具备开采价值时,则可以采用主系统卸压开采,采区内煤层采用后退式开采,留设保护煤柱,如图4-2所示。由于主系统巷道处于卸压工作面应力降低区的保护下,冲击危险性大幅度降低,因此,采区内工作留设的保护煤柱相应减小,相当于将主系统上方的煤柱转移到两侧采空区中。

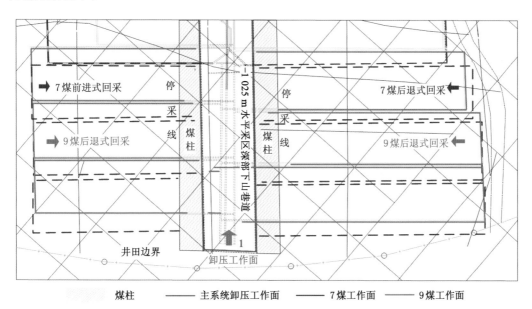

图4-2　多/单煤层采区主系统卸压煤柱转移巷道布置系统示意图

4.4　徐州矿区冲击危险整体定性、分段定级技术

4.4.1　冲击危险整体定性

对于已经设计完成的采区、工作面而言,除设计过程必须遵守《冲击地压危险采区设计与实施规范》要求,同时在采掘工作进行之前必须进行冲击危险早期评价与分析。通过对徐州矿区千米深井冲击地压发生特点与影响因素分析,制定了符合徐州矿区地质与生产技术条件的整体定性、分段定级技术。

整体定性采用目前国内外普遍采用的综合指数法进行,具体方法参照相关数据,此处不再赘述。

冲击地压危险综合指数、等级、状态及防治对策如表 4-1 所列。

表 4-1　冲击地压危险综合指数、等级、状态及防治对策

冲击地压危险等级	冲击地压危险状态	冲击地压危险综合指数	冲击地压危险防治对策
A	无	≤0.25	按无冲击地压危险采区管理,正常进行设计及生产作业
B	弱	>0.25 ≤0.5	考虑冲击地压影响因素进行设计,还应满足: 配备电磁辐射、钻屑量监测、煤体注水和大直径钻孔卸压设备。 制订监测和治理方案,作业中进行冲击地压危险监测、解危和效果检验
C	中等	>0.5 ≤0.75	考虑冲击地压影响因素进行设计,合理选择巷道及硐室布置方案、工作面接替顺序;优化主要巷道及硐室的技术参数、支护方式、掘进速度、采煤工作面超前支护距离及方式等。还应满足: 配备电磁辐射、钻屑量监测、煤体注水、大直径钻孔卸压和煤体爆破设备。 作业前对采煤工作面支承压力影响区、掘进煤层巷道迎头及后方至少 50 m 范围巷帮采取预卸压措施。 设置人员限制区域、确定避灾路线。 制订监测和治理方案,作业中进行冲击地压危险监测、解危和效果检验
D	强	>0.75	考虑冲击地压影响因素进行设计,合理选择巷道及硐室布置方案、工作面接替顺序;优化巷道及硐室技术参数、支护方式和掘进速度等;优化采煤工作面顶板支护、推进速度、超前支护距离及方式、采放煤高度等参数。还应满足: 配备电磁辐射、钻屑量监测、微震监测、煤体注水、大直径钻孔卸压、煤体爆破和顶底板预裂设备。 作业前对采煤工作面回采巷道、掘进煤层巷道迎头及巷帮实施全面预卸压,经检验冲击地压危险解除后方可进行作业。 设置躲避硐室、人员限制区域,确定避灾路线。 制订监测和治理方案,作业中加强冲击地压危险的监测、解危和效果检验措施。 监测对周边巷道、硐室等的扰动影响,并制定对应的治理措施。 如果生产过程中,经充分采取监测及解危措施后,仍不能保证安全,应停止生产或重新设计

4.4.2　冲击危险分段定级

在整体定性的基础上,采用分段定级的方式进行危险区域划分,以便能够掌握采掘过程中的重点防治区域。目前,国内危险区域划分主要采用多因素耦合法,但是,此方法在实施过程中,主要采用经验方法将影响因素危险等级叠加,具有一定的人为主观因素影响。因此,提出了多因素耦合指数法,对冲击地压影响因素在不同影响范围内给予一定的指数,通过计算该区域内的多因素耦合指数,对冲击危险等级进行确定。

依据表 4-2 确定采煤工作面冲击地压危险程度评估分段定级指数 W_{d1}。

$$W_{d1} = \sum_{i=1}^{n_1} W_{i1} \tag{4-1}$$

4 徐州矿区深井开采冲击地区防治设计规范研究

表 4-2 采煤工作面冲击地压危险程度分段定级多因素耦合指数法

序号	因素	危险程度的影响因素	影响因素的定义	冲击地压危险指数
1	W_1	接近落差大于 3 m 的断层，距离小于 30 m	接近上盘	1
			接近下盘	2
2	W_2	接近煤层倾角剧烈变化的褶曲，距离小于 30 m	大于 15°	2
3	W_3	接近煤层侵蚀或合层部分	小于 30 m	1
4	W_4	接近顶底板岩性变化区域	岩性变化宽度为 1~2 个周期来压步距	1
			岩性变化宽度大于 2 个周期来压步距	2
5	W_5	距垂距 50 m 内煤柱的直线距离	非孤岛煤柱<50 m	2
			孤岛煤柱<50 m	3
6	W_6	距垂距 50 m 内残留区或停采线直线距离	100~30 m	1
			<30 m	2
7	W_7	接近老巷的距离小于 30 m	老巷未充填	1
8	W_8	停采线、开切眼	同煤层邻近工作面非平齐	1
			下煤层超出上煤层工作面	2
9	W_9	三四角门	应力集中区（前后各 10 m）	1
10	W_{10}	垂距 10 m 内巷道平面、立体交叉，见方 30 m 范围内大于 3 处	交叉位置在下方	1
			交叉位置为水平或在上方	2
11	W_{11}	工作面超前巷道	支承压力带内	1
12	W_{12}	基本顶来压	周期来压	1
			初次来压	2
13	W_{13}	工作面见方	1 次见方	1
			2 次见方	2
			3 次见方	3
14	W_{14}	覆岩空间结构	S 形覆岩结构	1
15	W_{15}	未卸压一次采全高	留顶煤或底煤厚度大于 1.0 m	1
16	W_{16}	垂距 50 m，水平距离 100 m 内的采掘活动时序安排	3~6 个月	1
			小于 3 个月	3
17	W_{17}	间距 50 m 内煤层群同向回采	下煤层对上煤层、同向距离 50~150 m	1
			下煤层对上煤层、同向距离 50 m 内	2
			上煤层对下煤层、同向距离 50~150 m	2
			上煤层对下煤层、同向距离 50 m 内	3
18	W_{18}	间距 50 m 内煤层群受回采影响的采区巷道	1 次扰动	1
			2 次扰动	2
			3 次及以上扰动	3

式中　W_{d1}——采煤工作面冲击地压危险程度评估分段定级指数；

$\quad\quad$ W_{i1}——采煤工作面第 i 个影响因素的冲击地区危险指数；

$\quad\quad$ n_1——采煤工作面分段定级影响因素的数目。

依据表 4-3 确定掘进工作面冲击地压危险程度评估分段定级指数 W_{d2}。

$$W_{d2} = \sum_{i=1}^{n_2} W_{i2} \quad\quad\quad (4\text{-}2)$$

式中　W_{d2}——掘进工作面冲击地压危险程度评估分段定级指数；

$\quad\quad$ W_{i2}——掘进工作面第 i 个影响因素的冲击地压危险指数；

$\quad\quad$ n_2——掘进工作面分段定级影响因素的数目。

表 4-3　掘进工作面冲击地压危险程度分段定级多因素耦合指数法

序号	因素	危险程度的影响因素	影响因素的定义	冲击地压危险指数
1	W_1	接近落差大于 3 m 的断层，距离小于 30 m	接近上盘	1
			接近下盘	2
2	W_2	接近煤层倾角剧烈变化的褶曲，距离小于 30 m	大于 15°	2
3	W_3	接近煤层侵蚀或合层部分	小于 30 m	1
4	W_4	距垂距 50 m 内煤柱的直线距离	非孤岛煤柱＜50 m	2
			孤岛煤柱＜50 m	3
5	W_5	接近老巷的距离小于 30 m	老巷未充填	1
6	W_6	距垂距 50 m 内残留区或停采线直线距离	100～30 m	1
			＜30 m	2
7	W_7	停采线、开切眼	同煤层邻近工作面非平齐	1
			下煤层超出上煤层工作面	2
8	W_8	煤层双巷掘进	煤柱间距离小于 50 m	1
			前后位置错距小于 100 m	1
9	W_9	三四角门	应力集中区	1
10	W_{10}	垂距 10 m 内巷道平面、立体交叉，见方 30 m 范围内大于 3 处	交叉位置在下方	1
			交叉位置为水平或在上方	2
11	W_{11}	沿采空区掘进巷道	煤柱宽 3～10 m	1
			煤柱宽 10～20 m	2
12	W_{12}	垂距 50 m、水平距离 100 m 内的采掘活动时序安排	3～6 个月	1
			小于 3 个月	3
13	W_{13}	间距 50 m 内煤层群回采与掘进相向	下煤层对上煤层、相向距离 50～100 m	1
			下煤层对上煤层、相向距离 50 m 内	2
			上煤层对下煤层、相向距离 50～100 m	2
			上煤层对下煤层、相向距离 50 m 内	3
14	W_{14}	间距 50 m 内煤层群受掘进影响的采区巷道	2 次扰动	1
			3 次及以上扰动	2

运用多因素耦合指数法对采掘工作面各区段的冲击危险程度分为 4 级,采掘工程平面图上采用绿(1 级)、蓝(2 级)、黄(3 级)、红(4 级)分段标出,井下现场相应悬挂绿、蓝、黄、红四色警示牌,依据冲击危险级别采取相应的防治措施。

(1) 1 级:轻微。冲击危险类别为无冲击危险,且 $W_{d1}=0$ 或 $W_{d2}=0$,采掘工作可正常进行;冲击危险类别为弱冲击危险,且 $W_{d1}=0$ 或 $W_{d2}=0$,采掘工作应加强冲击危险状态的观察。

(2) 2 级:一般。$W_{d1}=1$ 或 $W_{d2}=1$;冲击危险类别为中等冲击危险或强冲击危险,且 $W_{d1}=0$ 或 $W_{d2}=0$,均需加强冲击地压监测工作。

(3) 3 级:中等。$W_{d1}=2\sim4$ 或 $W_{d2}=2\sim4$,进行采掘工作的同时,采取防治措施,经检验消除冲击危险,方可进行下一步作业。

(4) 4 级:严重。$W_{d1}\geqslant5$ 或 $W_{d2}\geqslant5$,未采取有效防治措施消除冲击危险前停止作业,撤出不必要的人员;在采取有效防治措施后,经检验消除冲击危险,方可进行下一步作业。

徐州矿区深井冲击危险整体定性、分段定级应用实例省略,可以参考其他材料。

徐矿集团研究制定的《冲击地压危险采区设计与实施规范》于 2012 年 2 月正式颁布实施,经科研查新与项目鉴定为全国第一部冲击地压采区设计规范,该规范的研究与实施为徐州矿区深井开采冲击地压防控发挥了重要作用。《煤矿安全规程》《防治煤矿冲击地压细则》《冲击地压测定、监测与防治方法》(第 1 至第 14 部分)(GB/T 25217)等颁布实施后,徐州矿区深井开采即主要依据其要求开展冲击地压防治,而其中未涉及的内容,依然参考《冲击地压危险采区设计与实施规范》开展相关工作。

4.5　本章小结

(1) 本章制定了《冲击地压危险采区设计与实施规范》。根据徐矿集团所属煤矿的冲击危险矿井开采煤层(山西组煤层)的冲击危险性现状,研究制定了所属煤矿安全开采所需要的采区防冲设计规范,为后期徐州矿区煤矿的深部开采提供科学参考和防冲指导。

(2) 针对徐州矿区多煤层上下山采区式开采方法,提出了深部多煤层采区全区域无煤柱卸压开采防冲技术,以及多/单煤层采区主系统卸压煤柱转移开采防冲技术,能够实现整体区域卸压,保护冲击危险性较大的 9 煤上、下山巷道。

(3) 提出了徐州矿区冲击危险早期评价的整体定性、多因素耦合指数法分段定级技术。在综合指数法的基础上,结合徐州矿区千米深井的特点,制定了基于综合指数法的整体定性评价方法,以及基于多因素耦合指数法的分段定级技术,从而在区域范围内对规划开采区域的冲击危险性进行早期评价与预警。

5 徐州矿区深井震动场-应力场-能量场监测预警原理与技术

5.1 徐州矿区冲击危险立体监测预警体系

冲击地压危险的监测与预警是冲击地压防治工作的重要组成部分与前提,对及时采取区域性防范措施、局部性解危措施及避免冲击危害具有重要作用。目前常用的监测方法主要有以下两类:第一类是以钻屑法为主的岩石力学方法;第二类是以微震和电磁辐射监测为主的地球物理方法。由前述分析可知,徐州矿区深井冲击地压发生机制为震动动载应力波与静载应力耦合诱发。因此,对冲击危险的监测需要对震动场与应力场同时监测,从而科学判断冲击危险性,做出预警预测与防治方案。而震动场-应力场的监测,由于其影响区域尺度不同,空间上可形成矿井区域监测—采掘工作面局部监测—应力异常区点监测,时间上可形成早期评价—长期预警—即时预报体系。如图 5-1 所示为冲击危险的震动场-应力场分级监测体系,通过形成综合的评价体系,从而高效利用不同尺度的监测技术与手段。

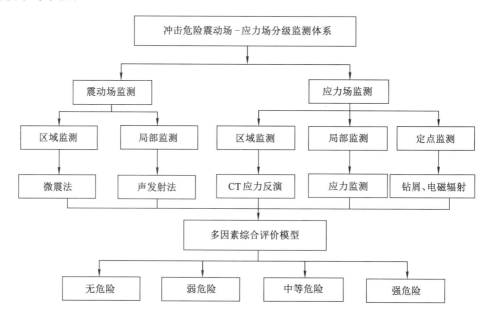

图 5-1 冲击危险的震动场-应力场分级监测体系

《防治煤矿冲击地压细则》规定:"冲击地压矿井必须建立区域与局部相结合的冲击危险性监测制度,区域监测应当覆盖矿井采掘区域,局部监测应当覆盖冲击地压危险区,区域监测可采用微震监测法等,局部监测可采用钻屑法、应力监测法、电磁辐射法等。"深井震动场-应力场-能量场监测预警原理与技术能够满足《防治煤矿冲击地压细则》的全部要求。以张双楼煤矿为例,张双楼煤矿冲击地压区域监测以微震、主被动 CT 探测、地震监测为主,局部监测采用地音监测、应力在线监测、矿压监测、钻屑监测,形成了完善的区域-局部、动静结合的分级分区监测技术体系,如图 5-2 所示。

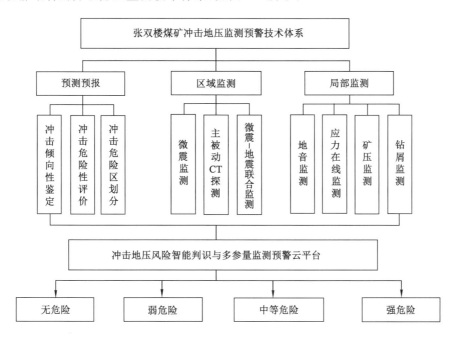

图 5-2　张双楼煤矿冲击地压监测预警技术体系

5.2　区域动载监测体系

5.2.1　微震监测技术

微震法就是记录矿震波形,通过记录分析计算矿震发生的时间、震源的坐标、震动释放能量等参数,来确定煤岩体破断的时间、位置和释放的能量,以此为基础,进行冲击矿压危险性的监测预警。

微震监测方法可对全矿井范围进行监测,是区域与局部监测方法,标准 16 通道的微震监测系统可以监测 $50\ km^2$ 的矿井区域,监测的矿震频率为 $1\sim150\ Hz$,绝大部分在 $1\sim50\ Hz$;震源定位误差一般平面±20 m,垂直±50 m;可监测计算的矿震能量在 $10^2\sim10^{10}\ J$。

为分析震动集中区域,预测震动趋势,选择最优防治措施,最重要和基础的是对震源进行定位和能量计算。对于矿震震源,通常选择容易辨识的纵波(P 波)进行定位,因为相较别的波,P 波首次到达时间的确定误差较小,定位精度较高,通过微震系统接收测站发出的 P 波信号接收时间来进行震源定位。震源是进一步分析震动特征的出发点,通过对震源的确定,可进一步确定震动和能量释放与开采活动的因果关系。

监测矿震的微震监测系统必须满足如下要求:

(1)微震监测系统的监测与布置应当覆盖整个矿井的采掘区域,对微震信号进行远距离、实时、动态监测,并确定微震发生的时间、能量(震级)及三维空间坐标等参数。

(2)监测的矿震频率范围为 0.1～150 Hz,特别是必须能够监测 0.1～50 Hz 的低频矿震信号。

(3)微震监测系统必须是成熟的,经过长期实践检验的系统,其中的微震参数必须符合煤矿的煤岩层条件。系统要求简单,稳定性好,便于维护,特别是在井下断电的情况下,能够正常记录矿震信号。

为了提高震源定位精度,减少干扰,覆盖重点区域并兼顾潜在危险区域,矿震监测台网布置的原则是:

(1)拾震传感器布置应对监测区域形成空间包围,避免成为一条直线或一个平面。

(2)既要对当前重点监测区域进行较好的监测,又要兼顾其他区域。

(3)拾震传感器尽可能靠近重点监测区域,保证各监测区域附近至少有 4 个以上拾震传感器可接收到震动信号。

(4)拾震传感器尽可能避免较大断层及破碎带的影响,也要尽量远离大型机械和电气干扰。

(5)受限于煤层层状赋存实际条件,井下微震监测系统台网布置很难对监测区域形成立体包围,因此需要采用井上下联合布置的方式进行监测。

井上下联合监测系统以井下微震监测系统为基础,其台网由微震监测系统和井上安装的地面监测台网组成。地面监测台网主要依靠地震监测装备和技术,包括 4G(5G)通信技术、高精度 GPS 授时技术、高精度三分量传感技术。通过升级改造微震系统授时模式,对井上和井下监测网络内各模块进行高精度 GPS 授时管理,减小各采集单元之间的数据时间对齐偏移量,实现井下与井上之间监测台网的架构融合;通过编制可同步采集井下传感与井上传感数据的通信与采集软件,实现井下与井上之间监测数据的无延时融合。所有监测数据都在各监测单元独立、实时采集,地面监测单元通过 4G(5G)网络发送至地面矿震监测中心。通过二次开发井上与井下监测系统架构重组、监测信息授时同步、数据整体打包与分发等关键技术,建设井上、井下全天候、全天时立体矿震监测网络。

井上下联合监测有效解决了井下微震监测系统对监测区域立体包围不足的难题,特别是加强了对采场上覆岩层活动的监测,是对井下微震监测系统的有效补充与升级。井上下联合监测系统更可以通过多种通信方式,利用 GPS 时间戳,实现各矿井及矿区之间监测数据的联网,实现全网矿震监测数据的融合,实现矿区、煤田区域的大范围监测。

对于动载微震监测方面,徐州矿区安装了波兰 SOS 微震监测系统与 KZ-1 微震监测系统。

5.2.2 波兰 SOS 微震监测系统

波兰 SOS 微震监测仪是波兰矿山研究总院采矿地震研究所设计制造的新一代微震监测仪。如图 5-3 所示为该系统组成图,该微震监测仪主要由井下安装的 16 个(32 个)DLM-2001 检波测量探头(由拾震、磁变电信号转换处理、信号放大增益、发射等部分组成)、地面安装的 16 通道(32 通道)DLM-SO 信号采集站(由向 DLM-2001 检波测量探头供电部分和信号接收、整流、滤波、光电转化、信号放大增益、A/D 转化等部分组成)和 AS-1 信号记录器(由信号接收、A/D 转化、控制部分等组成)等组成,它们相互配合形成一个整体进行工作。

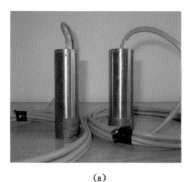 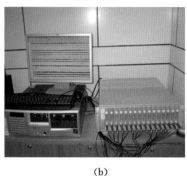

(a)   (b)

图 5-3　SOS 微震监测系统组成

(a) 检波测量探头;(b) 信号采集站(左)与记录器(右)

5.2.3　KZ-1 微震监测系统

KZ-1 微震监测系统包括拾震换能、信号采集、数据传输、集中记录、自检标定、数据波形显示、信号处理、预警信息提示等环节。拾震器采用经典的惯性原理,换能用动圈型。为提高微震监测精度,该台网对拾震器进行了改进,具备了三分向记录、系统标定功能,并采用深孔安装、光缆传输。

由于信噪比及地震波传播过程的复杂性,微震定位中震相的正确确定比较困难,应根据三分向记录对照确定震相。国外的微震监测系统拾震器采用的是垂直的单分向记录。采用一个分向记录,信息是不完整的,一个分向的波形可以用来测定震源参数,即事件发生的时间、空间位置和大致的能量。用三分向则可以做更多的工作,三个分向波形可以对比,有利于震相的识别,从而减小定位的误差。KZ-1 型微震监测系统采用三分向记录,提高了微震定位的精度。微震监测系统需要在井下巷道中布置大量的传输线,KZ-1 型微震监测系统采用了光缆传输线。相比其他采用电缆传输的微震监测系统,其漏误码现象较少,传输距离基本不受限制,传输速率达 230 kbits/s,能满足所有井工矿井传输需要;而采用矿用通信电缆传输线,传输距离小于 10 km,传输速率一般为 19.2 kbits/s。可见,光缆传输能够保障 KZ-1 型微震监测系统较高的监测精度。

5.2.4　微震监测方法与预警

(1) 参考《冲击地压测定、监测与防治方法 第 4 部分:微震监测方法》(GB/T 25217.4—2019)。

① 数据分析范围:距巷道迎头半径 200 m 范围内,同时兼顾相邻采空区、周边断层的震动分析。

② 定量评价:单个震动能量超过 1.0×10^4 J,有发生冲击地压的危险。采用微震监测指标超过临界值时,必须采用钻屑法进行验证,最终判定是否具有冲击危险。

③ 趋势评价:出现以下情况时,应加强分析,并结合其他监测手段进行综合分析。

A. 微震频度和微震总能量连续增大；

B. 微震频度和微震总能量发生异常变化；

C. 微震事件向局部区域积聚。

（2）冲击危险预警临界指标。

根据各工作面位置、现场实际情况，参考相邻工作面采掘期间震动数据，每个工作面均设置与实际相符的预警临界值。

（3）冲击危险处置。

当微震监测有危险或异常时，现场管理人员立即停止生产，将人员撤至安全地点，并将现场详细情况汇报矿生产调度指挥中心及防冲管理科值班人员，由生产调度指挥中心调度井下现场情况，由矿领导组织相关部门制订防冲方案。由井下现场人员采用钻屑法对危险和异常区域及其前后各 50 m 范围进行冲击危险验证，钻屑法钻孔间距 10 m（可用先 20 m 间距、后两孔间加孔的方法快速查找危险区）。钻屑法验证有危险时，对危险区及其前后各 20 m 范围，采用冲击危险解危方法进行卸压解危。卸压解危后需再次采用钻屑法检验卸压效果，直到冲击危险下降到允许范围。如出现较大冲击破坏，立即启动应急预案。

5.3 局部动载监测体系

5.3.1 地音监测技术

根据岩石力学的研究成果，煤岩体发生宏观破断屈服前会有大量的高频、低能的震动信号产生，通过研究冲击前高频震动信号的变化可以在一定程度上实现对冲击地压的超前预警。冲击地压的发生必然伴有煤岩体的剧烈破断，而在煤岩体的最终破断前，其内部微破裂存在着一个由平稳发育到急剧发育的阶段，研究煤岩体最终破断前的地音现象的变化特征和规律，对冲击地压的超前预警具有重要意义，如图 5-4 所示。

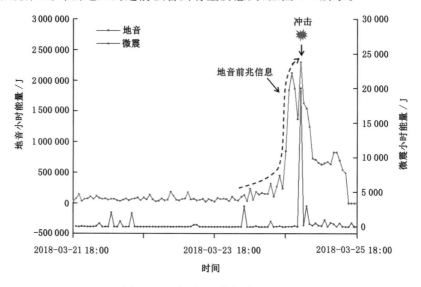

图 5-4　地音-微震-冲击关系图

高频震动监测手段属于范围监测,因其传感器安装在掘进后方一定范围内仍能保证对掘进头的实时监测。用于煤岩体高频震动信号监测的地音监测技术在国外已经被广泛应用于冲击地压煤矿的超前预警工作,并取得了良好的监测效果。因此,在张双楼煤矿引入地音监测技术,实现区域微震监测评价、局部地音监测预警,两者相互佐证,形成一套完整的冲击地压监测预警体系。

5.3.2 波兰 ARES-5/E 地音监测系统

波兰 ARES-5/E 地音监测系统是采用地音监测法进行矿井冲击危险性评估的专用设备,能够对监测区域范围内的地音事件进行实时监测。如图 5-5 所示,地音传感器将监测到的地音事件转化为电压信号,经过井下发射器处理后,由通信电缆传输至地面,由系统分析软件根据实时监测数据对监测区域的冲击危险性进行综合评价,并给出相应统计图表。如图 5-6 所示为地音事件实时监测图,横坐标为时间轴,左侧纵坐标为地音频次统计值,右侧纵坐标为地音事件总能量值。

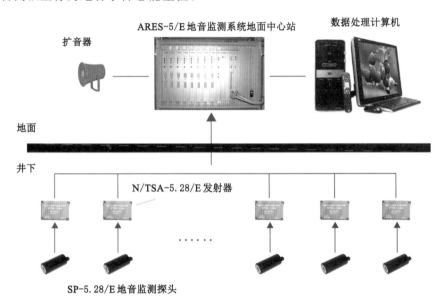

图 5-5　ARES-5/E 地音监测系统结构图

该系统可以监测震动频率为 $30 \sim 2\,000$ Hz,能量小于 10^3 J 的地音事件,其监测范围与微震监测系统形成了很好的互补。应用该系统可以实现对监测区域内较弱震动事件的实时监测,经过系统软件的统计分析后,可以对监测区域当前的危险等级进行评估,并对其下一时段的危险等级进行预测,为预防可能发生的冲击危险争取了宝贵的时间,对提高冲击地压防治工作效率、有效控制冲击地压事件的发生有很大的帮助。

地音监测技术涉及计算机技术、软件技术、电子技术、通信技术、应用数学理论和地球物理学,是相关学科交叉集成的应用结果。根据系统空间分布特点,ARES-5/E 地音监测系统可分为井下和地面两部分,如图 5-5 所示。

ARES-5/E 地音监测系统配备了 OCENA_WIN 软件,能够监测由于矿山采动引起的地音事件,主要提供以下功能:

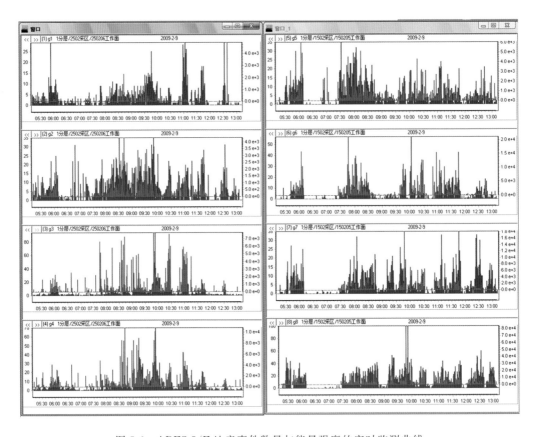

图 5-6　ARES-5/E 地音事件数量与能量强度的实时监测曲线

① 将岩体破裂过程中发出的声音频率转化为电信号；

② 对电信号进行放大、过滤、转化为数字信号，并传输到地面中心站；

③ 自动监测地音事件；

④ 连续记录地音事件数字波动曲线；

⑤ 以报告和图表形式实现地音信号处理结果的可视化；

⑥ 通过 GPS35-LVS 或 GPS16-LVS 型卫星接收器实现几个 ARES-5/E 地面中心站的同步使用；

⑦ 对监测区域进行危险等级评价。

该系统软件界面友好，保证用户方便地使用系统的各个功能，可以直接输入命令对系统进行操作。用户可以在现有屏幕上设置一个新的窗口，将一个传感器监测得到的能量强度和地音事件变化的数据用图表表示出来，监测数据每分钟变化更新一次，如图 5-6 所示。

5.3.3　系统应用

ARES-5/E 监测系统目前已经在张双楼煤矿 74104 工作面安装应用，如图 5-7 所示为 74104 工作面监测数据，表 5-1 为基于地音监测系统得到的冲击地压监测预警报表。

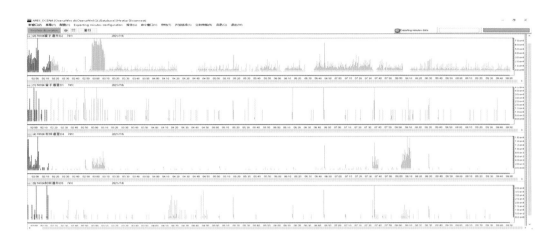

图 5-7　ARES-5/E 在 74104 工作面监测数据

表 5-1　ARES-5/E 监测预警报表

张双楼煤矿地音预警日报表							
制表日期	2021-07-09		数据范围		2021-07-08 00:00:00 至 2021-07-08 23:59:59		
区域	通道编号	最大小时能量/J	最大小时频次/次	能量 DEV 值	频次 DEV 值	通道预警	区域预警
74104工作面刮板输送机道里	1	260 055	240	1.0	0.3	B	C
74104工作面刮板输送机道外	2	3 852 546	2 724	1.0	1.0	C	
74104工作面材料道外	4	330 602	680	0.7	0.6	B	B
74104工作面材料道里	5	1 717 868	1 154	1.7	0.7	B	
规律分析	74104 工作面材料道和刮板输送机道 4 个地音通道监测数据无持续性增加现象。74104 工作面刮板输送机道里、74104 工作面材料道里通道最大预警偏差指数≤1.7,其余通道当日最大预警偏差指数≤1.0,74104 工作面刮板输送机道冲击危险等级为 C 级(中等冲击危险等级)						

5.4 静载监测体系

5.4.1 点监测——钻屑法

钻屑法是通过在煤层中打直径 42 mm 的钻孔,根据排出的煤粉量及其变化规律和有关动力效应,鉴别冲击危险的一种方法。其理论基础是钻出煤粉量与煤体应力状态具有定量的关系,即其他条件相同的煤体,当应力状态不同时,其钻孔的煤粉量也不同。当单位长度的排粉率增大或超过标定值时,表示应力集中程度增加和冲击危险性提高。

监测方法与预警参考《冲击地压测定、监测与防治方法 第 6 部分:钻屑监测方法》(GB/T 25217.6—2019)。

(1)掘进期间监测方案。

监测地点为煤层掘进巷道迎头及两帮,钻孔直径 42 mm,迎头布置 1~2 个测点,巷帮第一个测点距离迎头 5 m,孔深为 10 m,两帮钻孔间距 10~30 m,钻孔距底板 0.5~1.5 m。

(2)回采期间监测方案。

工作面回采期间监测范围覆盖工作面的超前支承压力影响区,且不小于 100 m。测点布置在巷道两帮实体煤侧,钻孔直径 42 mm,孔深 10 m,间距 10~30 m,孔距底板 0.5~1.5 m,单排布置,对应力集中程度高的区域可适当调整钻孔点间距及监测范围。

(3)钻屑监测频率。

掘进工作面保持在钻屑监测范围内掘进,迎头及迎头后方 60 m 范围内,弱冲击危险区段每 3 d 至少监测 1 次,中等冲击危险区段每 2 d 至少监测 1 次,强冲击危险区段每天均要监测;迎头后方 60~150 m 范围内加强监测,弱冲击危险区段每 4 d 至少监测 1 次,中等冲击危险区段每 3 d 至少监测 1 次,强冲击危险区段每 2 d 至少监测 1 次,每次钻屑监测均不得低于 2 孔;迎头后方 150 m 外特定危险区域需定期进行钻屑监测。

采煤工作面两道实体煤巷帮钻屑监测要求:超前 100 m 范围内,弱冲击危险区段每 3 d 至少监测 1 次,中等冲击危险区段每 2 d 至少监测 1 次,强冲击危险区段每天均要监测;超前 100~200 m 范围内,弱冲击危险区段每 4 d 至少监测 1 次,中等冲击危险区段每 3 d 至少监测 1 次,强冲击危险区段每 2 d 至少监测 1 次,每次钻屑监测均不得低于 2 孔;超前 200 m 外特定危险区域需定期进行钻屑监测。

(4)钻屑量临界指标的确定。

根据表 5-2 确定各采区各煤层的具体钻屑量临界指标。

表 5-2 判别工作地点冲击危险性的具体钻屑量指标

孔深巷高比 a	<1.5	1.5~3	≥3
钻屑率指数 b	≥1.5	≥2	≥3

(5) 钻屑监测冲击危险的确定。

在采用钻屑法评价工作面冲击危险性时,当实际煤粉量达到相应的临界指标或出现卡钻、吸钻、顶钻、异响、孔内冲击等动力效应,可判定所监测地点有冲击危险。

5.4.2　点监测——电磁辐射法

煤岩电磁辐射是煤岩体在受载变形破裂过程中向外辐射电磁能量的一种现象。电磁辐射强度主要反映了煤岩体的受载程度及变形破裂强度,脉冲数主要反映了煤岩体变形及微破裂的频次。徐矿集团把电磁辐射监测作为冲击地压预测预报的一种重要手段,先后在 6 对冲击地压危险矿井配备了 18 台 KBD5 电磁辐射监测仪,开展电磁辐射监测工作,通过对监测到的电磁辐射强度、脉冲数分析,确定所监测区域的冲击危险性大小,取得了显著的效果,积累了大量经验。

5.4.2.1　预警方法

采用临界值法和动态趋势法相结合的预警方法预测冲击地压危险。冲击地压的危险程度可分为无危险、弱危险和强危险。依据危险程度,采用三级预警,对于不同的冲击危险性可采用相应的防治对策。

5.4.2.2　监测预警临界值

各矿收集有冲击地压危险的各头面在 2 个月内的电磁辐射数据,通过软件处理分析给出每个头面的预警临界值。

根据预警临界值将各工作面、掘进头冲击危险程度分为三级:

Ⅰ级(无危险)——不需要采取措施;

Ⅱ级(弱危险)——可以边作业,边治理;

Ⅲ级(强危险)——须撤人或立即采取措施。

5.4.3　局部监测——应力在线监测

应力动态实时在线监测系统可实时监测工作面和巷道周围的煤体和岩体的应力,此应力为相对应力,它是支承压力与钻孔围岩应力综合作用的结果。如图 5-8 所示为系统结构示意图。应力动态实时在线监测系统监测预警的基本原理是根据岩层运动、支承压力、钻屑量与钻孔围岩应力之间的内在关系,通过实时监测工作面前方和巷道周围的煤岩体应力场的变化规律,将监测数据传输至地面监测主站,监测主站实时监测、显示应力动态云图,找到高应力区及其变化趋势,通过提前设定的预警值自动进行应力预警、预报,应力动态监测云图见图 5-9。根据应力动态实时在线监测系统监测到的工作面两顺槽的应力监测数据可对工作面应力状态实施预警,各矿井可根据实际监测数据确定适合本矿井的相应预警值。

矿井安装的冲击地压实时在线监测系统将测区布置在工作面前方 0～300 m 的区域内,每组由 2 个 8 m、12 m 不同深度的传感器组成,组与组间距 20～30 m,冲击危险性高的区域可适当调整测点间距及监测范围,如图 5-8 所示。

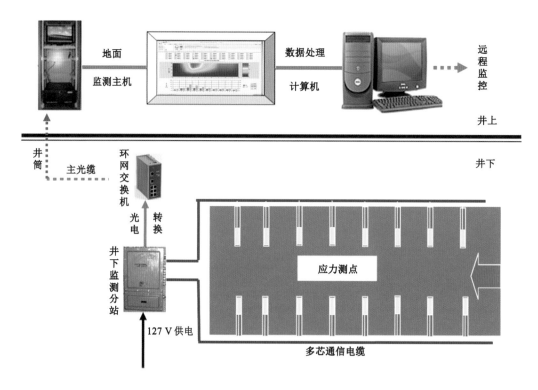

图 5-8　应力动态实时在线监测系统结构示意图

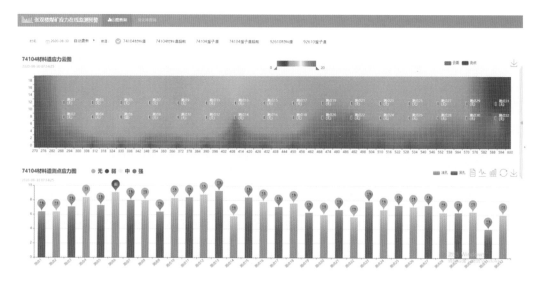

图 5-9　应力动态实时在线监测系统数据分析

5.4.4　局部监测——矿压监测

5.4.4.1　支架工作阻力监测

综采支架工作阻力监测系统用于煤矿综采工作面的支护工作阻力在线监测,其系统组成如图 5-10 所示。支架阻力监测主要体现为工作面综采支架左右柱载荷,在工作面将综采支架分上、中、下布置三部分,分别形成测区。在相应的支架上,分别安装顶板动态在线监测系统对工作面初期的支架受力情况进行连续观测。由安装在左柱、右柱上的压力表压力值的变化来反映支架受力变化情况及循环增阻情况,判断直接顶、基本顶的初次垮落步距及周期来压活动规律,支架的使用、运载、对顶板的适应情况等。

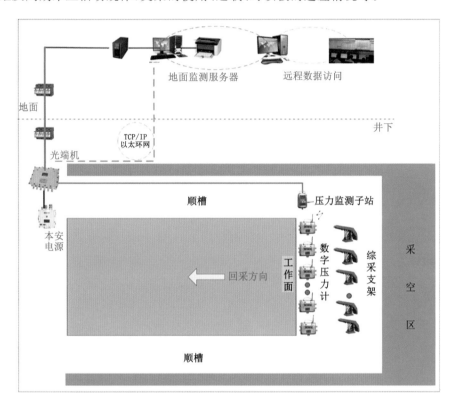

图 5-10　综采监测系统组成示意图

通过实时记录支架的工作阻力,并以支架的平均阻力与其均方差之和作为判断顶板周期来压的主要指标。

5.4.4.2　顶板离层监测

(1)顶板离层仪安设在巷道顶板中部或交叉点中心位置。

(2)掘进巷道顶板离层仪的间距一般不超过 100 m,非跟顶、沿空或受采动影响的掘进巷道,间距一般不超过 50 m,间距误差不超过 3 m。断层处、交叉点等特殊地段必须安装顶板离层仪。

(3)顶板离层仪按安装时间先后进行编号、挂牌管理,监测资料要定期分析并做好记录。观测记录实行现场记录牌、记录本、记录台账"三统一"制度。

(4)顶板离层仪安装后 10 d 内,距掘进工作面 50 m 内和距采煤工作面 100 m 内每天观测应不低于 1 次。在此范围以外,除非离层、位移有明显增大,可每周观测 1 次。

5.4.4.3　围岩变形监测

（1）巷道表面位移监测内容包括顶底板相对移近量、顶板下沉量、底鼓量、两帮相对移近量和巷帮位移量。一般采用十字布点法安设测站，基点应安设牢固，测站间距一般不超过 100 m；采用测枪、测杆或其他测量工具量测。

（2）巷道围岩移近速度急剧增加或一直保持较大值时，施工单位及时汇报矿有关领导，及时组织相关人员分析原因，并采取相应的处理措施。

5.5　基于震动波 CT 反演的冲击危险动态区域预警

5.5.1　震动波预警冲击危险原理

矿井原岩应力状态的定量测试，由于工艺复杂、费用高昂，在我国只有少数矿区进行了系统测量，但是测点一般较少，很难全面反映工作面原岩应力场分布规律。利用震动波 CT 反演技术可以定性地监测与评估采区或工作面范围应力状态，从较大范围的岩体内直接获得信息。与其他方法相比，该法获取信息成本低、技术含量高、观测的参数信息量准确。震动波 CT 反演是建立在震动波传播速度与煤岩体应力具有密切关系基础上的，研究表明震动纵波与横波波速与煤岩体所受载荷具有正相关性。煤样的单轴压缩全过程超声波测试结果表明，纵波波速都随应力的增加而增加。单轴压缩条件下，试样总是在应力作用的开始阶段时，纵波波速变化有较高梯度，而随着应力的不断增加，纵波波速的上升幅度减缓，并逐渐趋于水平，这种现象表明应力与波速间应具有幂函数关系。

5.5.2　弹性震动波 CT 透视的原理

弹性震动波 CT 透视技术，就是地震层析成像技术，是一种采矿地球物理方法。其工作原理是利用地震波射线对工作面的煤岩体进行透视，通过对地震波走时和能量衰减的观测，对工作面的煤岩体进行成像。地震波传播通过工作面煤岩体时，煤岩体上所受的应力越高，震动传播的速度就越快。通过震动波速的反演，可以确定工作面范围内的震动波速度场的分布规律，根据速度场的大小，可确定工作面范围内应力场的大小，从而划分出高应力区和高冲击地压危险区域，为这种灾害的监测防治提供依据。

弹性震动波 CT 透视技术是在采煤工作面的一条巷道内设置一系列震源，在另一条巷道内设置一系列检波器。当震源震动后，巷道内的一系列检波器接收到震源发出的震动波。根据不同震源产生震动波信号的初始到达检波器时间数据，重构和反演煤层速度场的分布规律。弹性震动波 CT 透视技术主要采用震动波的速度分布 $v(x,y)$ 或慢度 $s(x,y)=1/v(x,y)$ 来进行。假设第 i 个震动波的传播路径为 L_i，传播时间为 T_i，则：

$$T_i = \int_{L_i} \frac{\mathrm{d}s}{v(x,y)} = \int_{L_i} s(x,y)\mathrm{d}s \tag{5-1}$$

式（5-1）是一曲线积分，$\mathrm{d}s$ 是弧长微元。$v(x,y)$ 和 L_i 都是未知的，T_i 是已知的。

这实际上为一个非线性问题。在速度场变化不大的情况下,可以近似地把路径看作是直线,即 L_i 为直线,实际上地下介质地质情况是复杂的,射线路径也往往是曲线。现在把反演区域离散化,假如离散化后的单元个数为 N,每个单元慢度为一对应常数,记为 s_1,s_2,$\cdots$,s_N。这样,第 i 个射线的旅行时表示为:

$$T_i = \sum_{j=1}^{N} a_{ij} s_j \qquad (5\text{-}2)$$

式中,a_{ij} 是第 i 条射线穿过第 j 个网格的长度。当有大量射线(如 M 条射线)穿过反演区域时,根据式(5-2)就可以得到关于未知量 $s_j(j=1,2,\cdots,N)$ 的 M 个方程($i=1,2,\cdots,M$),组合成一线性方程组为:

$$\begin{cases} T_1 = a_{11}s_1 + a_{12}s_2 + a_{13}s_3 + \cdots + a_{1j}s_j \\ T_2 = a_{21}s_1 + a_{22}s_2 + a_{23}s_3 + \cdots + a_{2j}s_j \\ \quad\quad\quad\quad\quad\quad\vdots \\ T_i = a_{i1}s_1 + a_{i2}s_2 + a_{i3}s_3 + \cdots + a_{ij}s_j \end{cases} \qquad (5\text{-}3)$$

写成矩阵形式如下:

$$\boldsymbol{AS} = \boldsymbol{T} \qquad (5\text{-}4)$$

式中,$\boldsymbol{A} = (a_{ij})_{M \times N}$ 称作距离矩阵;$\boldsymbol{T} = (T_i)_{M \times 1}$ 为传播时间向量,即检波器得到的初至时间;$\boldsymbol{S} = (s_i)_{N \times 1}$ 为慢度列向量。通过求解上述方程组就可以得到离散慢度分布,从而实现井间区域的速度场反演成像。值得注意的是,在地震层析成像过程中矩阵 $\boldsymbol{A}$ 往往为大型无规则的稀疏矩阵($\boldsymbol{A}$ 中每行都有 N 个元素,而射线只通过所有 N 个像元中的一小部分),而且常是病态的。实际应用中要反复求解式(5-4)来得到重建区域的速度场。由于联合迭代法(SIRT 方法)收敛速度较快,而且对投影数据误差的敏感度小,因此一般选取 SIRT 方法的反演结果为弹性波 CT 图像进行解释。

5.5.3　冲击危险预警模型及其预警准则

冲击地压预测预报的基础是确定煤层中的应力状态和应力集中程度。由试验结果知,应力高且集中程度大的区域,相对其他区域将出现弹性波波速的正异常,其异常值由下式计算得到:

$$A_n = \frac{v_p - v_p^a}{v_p^a} \qquad (5\text{-}5)$$

式中　v_p——反演区域一点的弹性波波速值;

　　　v_p^a——模型波速的平均值。

根据试验结果,可以确定应力集中程度与弹性波波速正异常的关系和判别准则,如表5-3所列。同样,开采过程必然会使顶底板岩层产生裂隙及弱化带,而岩体弱化及破裂程度与弹性波波速的大小相关,因此通过弹性波波速的负异常可以判断反演区域的开采卸压弱化程度,如表5-4所列。通过构建的弹性波波速异常参数表5-3、表5-4,采用弹性波速 CT 成像就可对冲击危险进行预警。

表 5-3　波速正异常变化与应力集中程度之间的关系

冲击危险指标	应力集中特征	正异常 A_n/%	应力集中概率
0	无	<5	<0.2
1	弱	5～15	0.2～0.6
2	中等	15～25	0.6～1.4
3	强	>25	>1.4

表 5-4　波速负异常变化与应力弱化程度之间的关系

弱化程度	弱化特征	负异常 A_n/%	应力降低概率
0	无	0～-7.5	<0.25
-1	弱	-7.5～-15	0.25～0.55
-2	中等	-15～-25	0.55～0.80
-3	强	<-25	>0.80

5.5.4　震动波 CT 动态预警冲击危险技术

对震动波层析成像计算模型的建立,应根据各反演时段内选择的震动数据与台站形成射线的覆盖范围来确定,为保证网格内有足够多射线覆盖密度以及较高反演精度,震动波层析成像计算模型网格划分既不能太多也不能太少,以徐矿集团庞庄煤矿张小楼井为例,张小楼井 95208 工作面部分区域位于 7 煤煤柱下方,具有较高冲击危险性,在 95208 工作面回采至该危险区域阶段,采用震动波 CT 反演对冲击危险进行动态预警。张小楼井 95208 工作面在 2013 年 3 月 1 日至 2013 年 5 月 10 日时间段内反演主要采用的网格划分个数为 45×70×3,水平方向间距约为 20～30 m,垂直方向间距约为 150 m,典型模型如图 5-11 所示,其中绿线表示建立的模型,红点为台站位置,蓝点为震源位置,粉红色线为形成的射线。

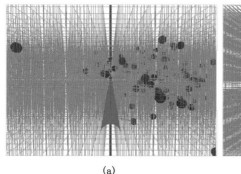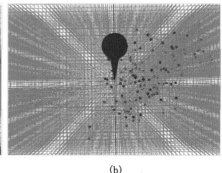

(a)　　　　　　　　　　　　　　　　(b)

图 5-11　震动波层析成像模型

对建立的模型利用 Minesostomo 软件进行计算,可得到波速分布图。图 5-12 所示为计算过程中得到的参差控制曲线,可以看出,参差曲线一直处于下降趋势,表明反演过程及结果较为理想。

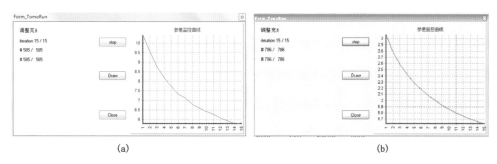

(a) (b)

图 5-12 震动波层析成像反演计算参差控制曲线

自 2013 年 3 月 1 日至 2013 年 5 月 10 日,根据 SOS 监测记录到的微震数据进行了多次震动波层析成像反演计算,结果如图 5-13 所示。对冲击危险进行了动态预警,结果表明震动波 CT 反演结果能够较为准确地反映出高应力区域的演变,从而能够对下一阶段的大能量矿震进行有效预测。根据监测结果,张小楼井 95208 工作面冲击危险重点区域主要有 3 块:① 95208 工作面材料道出口四角门区域;② 工作面前方支承压力区域;③ —1 125 m 水平抽放泵站区域。下一阶段的大能量矿震一般都发生在本次反演的危险区域内,提高了冲击地压预测与防治工作的针对性和有效性。同时,根据 CT 反演与微震监测等结果,对初期卸压措施及时采取相应的调整。工作面一系列防冲补充措施充分反映出冲击地压的动态监测体系,即冲击地压治理应该是一个动态卸压的过程,随着工作面的推进及冲击危险程度与区域的变化,应及时调整对应的卸压解危措施。CT 反演与微震监测同时验证了防冲措施卸压效果显著。

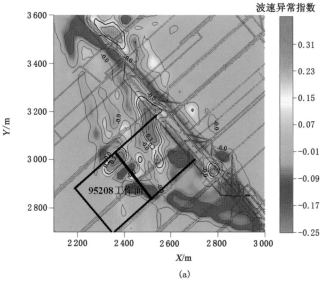

(a)

图 5-13 张小楼井 95208 工作面震动波速反演预警冲击危险区域

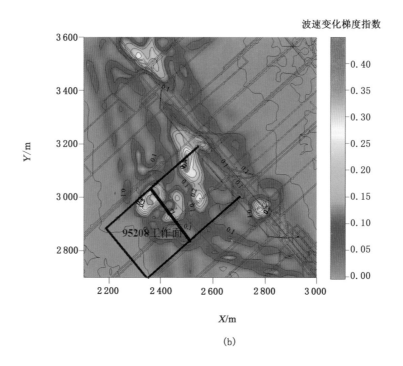

(b)

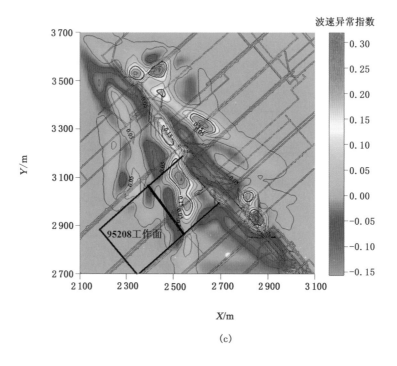

(c)

图 5-13 （续）

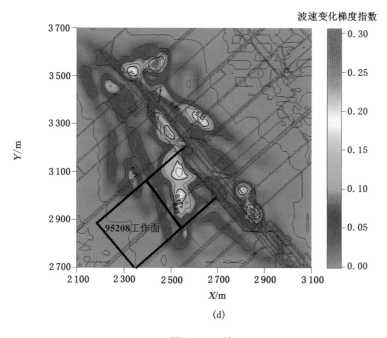

(d)

图 5-13 (续)

(a) 03-24—03-29 波速异常指数分布图;(b) 03-24—03-29 波速变化梯度分布图;
(c) 04-13—04-19 波速异常指数分布图;(d) 04-13—04-19 波速变化梯度分布图

5.6 双震源一体化 CT 探测

5.6.1 系统原理

为克服传统钻孔应力系统监测范围小、安装劳动强度高和系统损耗大的缺点,矿井引进了徐州弘毅科技发展有限公司及中国矿业大学冲击矿压团队合作研发的新一代监测预警系统 KJ470 矿山地震波监测系统,即双震源一体化应力场 CT 探测系统。该系统采用双触发机制的独特设计方法实现了双源震动波信号的采集和分析,即可控震源和自然震源。可控震源为采掘工作面内爆破、重锤击打等激发源位置已知的震动信号。自然震源为采掘工作面生产活动诱发的矿震信号。采用双源震动信号,基于主、被动震动波反演技术和预警指标体系,系统可大范围、高分辨率和高效率监测采掘范围的波速分布,确定采掘工作区域内的应力场,划分冲击危险区域,以便及时有针对性地指导现场采取有效的防冲措施,从而消除冲击矿压危险。

在地震波监测系统处于被动源触发状态时,将实时扫描由接收探头感知的环境信号,若其中包含矿震信号,则记录后进行自动或人工 P 波到时的标记分析和定位计算。定位后的足量自然震源与选用的接收探头间可形成大量射线覆盖,如图 5-14 所示。利用每条射线上的到时信号,基于震动波被动 CT 反演技术可划分网格模型和执行 SIRT 波速反演,其结果可用于预警指标计算,并最终完成一段周期内的工作面冲击危险预警。

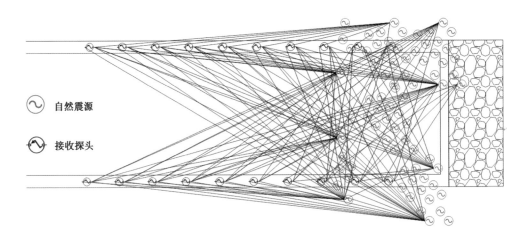

图 5-14　自然震源与接收探头形成的对工作面区域的射线覆盖

　　在地震波监测系统处于主动源触发状态时,此时系统主机与可控震源具有连接关系。位于两顺槽的可控震源一旦激发,将立即通知主机进行信号记录。两巷完成一次可控震源的循环后可形成对采掘工作面的高密度射线覆盖。每条射线的到时可由软件自动或人工分析。利用大量到时数据,基于震动波可控 CT 反演技术可划分网格模型和执行 SIRT 波速反演,其结果可用于预警指标计算,并快速完成工作面冲击危险预警,如图 5-15 所示。

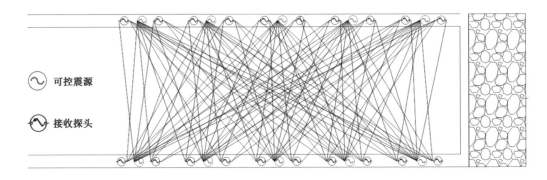

图 5-15　可控震源与接收探头形成的对工作面区域的射线覆盖

系统功能如下:

（1）通过双源触发机制的互相切换,系统可高保真及多通道同步采集双源震动信号。

（2）无须向底板打钻安装探头,可直接利用巷道两帮的锚杆安装传感器,省工省时。

（3）系统分站实现模数转换后可直接接入井下光纤环网,实现了井下长距离传输下信号的高保真技术要求。

（4）采用可控、被动震动波反演技术可大范围、高分辨率、高效率获取采掘工作面周围区域的波速和应力分布特征。

（5）监测频带范围达到 1～600 Hz，能够监测 150 Hz 以上到 600 Hz 高频低能和 150 Hz 以下低频高能的所有震动信号，抗干扰能力强，不漏测和漏检，并确保对监测到的矿震信号有高的线性度。

（6）基于震动波波速构建的冲击危险预警指标，可准确预警反演区域内的冲击危险分布范围和级别。

5.6.2 系统软硬件系统

监测系统由地面设备、KJ470-F 监测分站和 GZC5 拾震传感器三大部分组成。地面设备包括服务器、地面用光端机和 UPS 电源等。监测分站与地面服务器之间通过地面用光端机连接，采用光信号方式传输。监测分站与拾震传感器之间由矿用聚乙烯绝缘编织屏蔽聚氯乙烯护套通信软电缆连接形成监测网络，采用 RS485 方式传输。系统可以传送 32 个传感器的数据，每个分站可以接入 1～16 的任意组合个数传感器，但不能超过 16 个，因此分站的个数由传感器的分布确定。时间同步采用自同步方式：当系统用于室内或巷道内时，系统要求有一台分站作为主站，下发时间给其他分站，分站之间同步信号采用光纤方式传递，观测的区域相对小，应在一个采煤面。系统组成如图 5-16 所示。

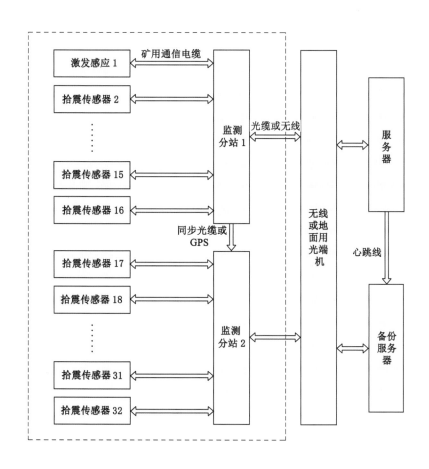

图 5-16　KJ470 监测系统组成框图

KJ470 监测系统软件包括数据采集和分析部分。软件具有地震波监测、数据回放、文件转换、自动标记初动、人工标记初动、射线统计和震动波可控与被动波速反演等功能,如图 5-17 与图 5-18 所示。

图 5-17　系统射线统计

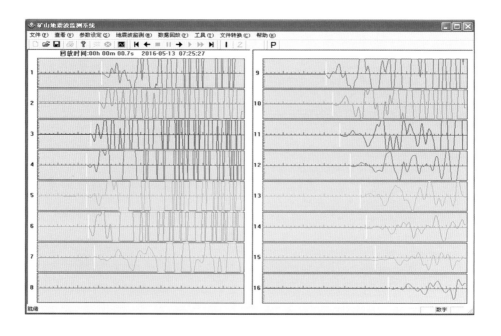

图 5-18　系统数据采集软件

5.6.3 系统应用

KJ470 监测系统目前已经在张双楼煤矿 74104 工作面安装应用。如图 5-19 所示为 74104 工作面基于 KJ470 的监测数据，表 5-5 为该工作面基于 KJ470 的 CT 探测报表。

图 5-19 KJ470 在 74104 工作面的监测数据

表 5-5 74104 工作面 CT 探测报表

反演时间	2021 年 6 月 24 日

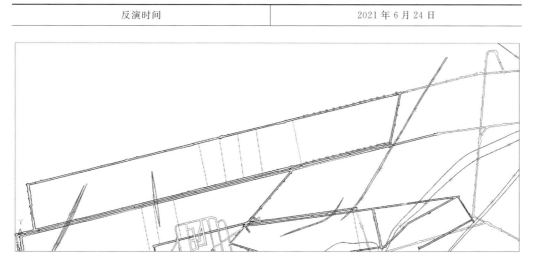

（1）74104 工作面传感器布置图

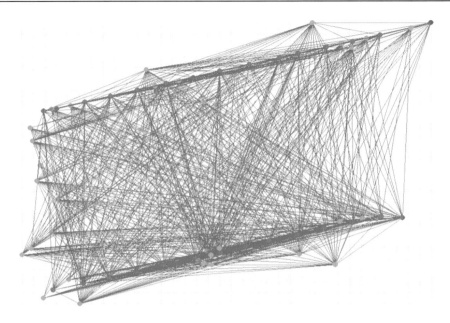

（2）KJ470 主/被动波 CT 反演射线图

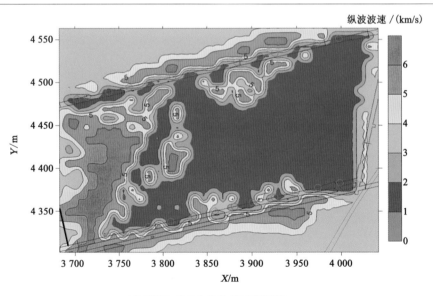

（3）KJ470 地震主动波 CT 反演云图

波形分析及 处理意见	2021 年 6 月 24 日 74104 工作面主动波 CT 反演云图如上所示。根据反演结果分析,区域内波速高值异常区主要集中在工作面超前 50 m 范围内及工作面前方 180~280 m 刮板输送机道里侧。 　　建议现场加强钻屑法、微震监测系统的数据分析,对应力集中区进行排查,确认是否具有应力集中;严格控制危险区的滞留人数;在保证安全的前提下对危险区采取卸压措施(如大直径卸压孔卸压、爆破卸压等)

5.7 本章小结

（1）基于动载应力波与静载应力耦合诱冲机制，建立了徐州矿区冲击危险立体监测预警体系，即进行震动场-应力场的联合监测，空间上形成矿井区域监测—采掘工作面局部监测—应力异常区点监测，时间上形成早期评价—长期预警—即时预报体系。

（2）静载应力场监测采用电磁辐射、应力在线监测、钻屑法进行，制定了相应的预警指标。

（3）动载应力场监测采用微震监测、地音监测技术进行，制定了相应的预警方法与指标。

（4）研究了基于震动波 CT 反演的冲击危险动态区域预警技术，建立了震动波 CT 反演预测冲击危险的评价模型与指标体系。

（5）建立了双震源一体化 CT 探测系统，提高了 CT 反演的时效性与精确度。

6 徐州矿区深井冲击地压危险监测远程互联平台建设

6.1 徐州矿区深井远程互联监测平台建设

6.1.1 数据文件的标准化

徐矿集团 6 个深井矿井都安装了微震监测系统，其中夹河煤矿、旗山煤矿、庞庄煤矿张小楼井、张集煤矿安装了波兰矿山研究总院生产的 SOS 微震监测系统。三河尖煤矿冲击地压出现最早，系统安装也最早，装备的是与北京欣林公司合作研制的 KZ-1 型微震监测系统的早期型号，之后张双楼煤矿安装了 KZ-1 型的最新型号——KJ20 井下微震监测系统。

3 类微震监测系统的工作原理类似，区别在于 SOS 微震监测系统记录采集的震动信号对应唯一的记录文件(*.w 文件)，而 KZ-1 系统却对应一个以触发时间命名的文件夹，每个文件夹下包含 12 个文件，每个文件对应一个测站记录的震动信息。KZ-1 型微震监测系统以文件夹的形式进行记录。

要实现专家会诊，需要对所有系统进行采集信息上的格式统一，即将所有采集信息统一转换为 *.w 震动波形文件格式。SOS 微震监测系统本身就是以 *.w 文件记录的震动波形，所以夹河、旗山、张小楼和张集 4 个矿不需要改变文件格式。三河尖煤矿和张双楼煤矿以文件夹形式记录，其中三河尖煤矿记录的文件夹中文件的后缀名为 *.temp，而张双楼煤矿为 *.wav，虽然文件后缀名不同，但通过对文件二进制内容的分析发现，其文件格式相同。因此，可以编制相同的转换程序，把文件夹中 12 个文件统一转换为一个标准的 *.w 格式震动波形文件，实现数据的标准化。

6.1.2 远程在线监测平台系统整体框架与实现技术

为了给矿区领导和冲击地压方面的专家提供基础和完善的数据信息，经过深入研究和不断摸索，总结出主要提供每天的 Plot 报表、Surfer 平面报表，有时需要呈报当天或一段时间监测的大能量矿震。因此，通过矿震远程监测平台，必须能保证 Plot 报表、Surfer 报表的上传发布。另外，为了实现微震的实时在线监测，矿震远程监测平台应能显示目前记录仪监测到的实时震动信息，包括震动波形、已分析出的矿震震源信息。

6.1.2.1 系统的整体框架

矿震远程在线监测平台建设主要包括软、硬件两部分内容，硬件主要用于搭建客户端至服务端的网络环境、存储和显示从徐矿集团下属矿井客户端传来的分析报表和震动波形信息，目前已在中国矿业大学煤炭资源与安全开采国家重点实验室搭建了矿震远程监控中心。矿震远程监测平台建立后，基于信息的实时传播，冲击地压专家可通过网络终端获取矿震的监测信息。这为冲击地压专家进行冲击地压危险诊断远程决策提供了便利。由此,矿震远程监测平台应具备专家诊断和诊断报告发布的功能。矿震远程在线监测平台同时具备网络发布、专家诊断、提供信息浏览服务环节,加快了信息传播速度和防冲决策的可靠度。

　　整个平台的最底层是由徐矿集团下属几个矿井微震监测系统形成的监测网络,它能够监测井下采掘过程中产生的震动信息,虽然该系统是实时在线监测系统,但只有满足触发条件时,系统才以文件形式记录震动波形信息。分析人员进行标记后,就可获得震源位置和震源能量等重要参数,并绘制震源参量变化和震源分布规律报表,而这些是进行矿震冲击灾害机理研究,进而实现冲击灾害预警的重要信息源。因此,我们要在客户端根据分析人员操作流程编制客户端软件,对流程中产生的重要信息进行管理,并方便上传信息至服务器。服务器对这些信息进行存储后,可供研究人员调取,并基于专家系统进行冲击危险预警和防治措施制定工作,最终矿区用户通过 Web 浏览器下载预警和防治意见,从而指导现场冲击地压的防治与管理工作,避免冲击事故的发生。

6.1.2.2　系统的整体模型及开发环境

（1）整体模型

远程在线监测平台中的软件主要为客户端的上传软件和服务器端的接收软件,浏览发布模块也运行在服务器上。整个系统采用如图 6-1 所示的单一客户系统模型。

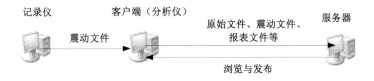

图 6-1　单一客户系统模型图

　　两种微震监测系统记录仪实时采集震动波形数据,SOS 微震监测系统记录文件后缀名为.w 文件,KZ-1 微震监测系统记录文件由于格式不同,客户端又多加了数据格式的转换功能,从而统一了震动波形文件的数据格式。记录的.w 震动波形文件存到一个固定的与客户端共享的文件夹内,客户端软件实时感知文件夹内变化情况,将记录的数据通过网络驱动映射复制到本地文件夹,并根据 GPS 授予时间存入相应的文件夹内,同时将原始数据上传至服务器端。操作人员调用 Surfer、Seisgram、Multilok 和矿井微震监测分析软件 Plot 进行分析,将得到的处理结果和报表文件自动上传到服务器端。按照客户端分析工作流程,绘制了如图 6-2 所示的数据流处理流程图。

（2）开发环境

客户端和服务器采用 C/S 体系结构,Web 发布模块采用 B/S 体系结构,服务器端采用 Microsoft Windows Server 2003 作为网络操作系统,Web 服务器软件采用 IIS6.0(Internet Information Server)。Web 客户端软件,包括单机操作系统和浏览器软件,分别选用 Windows 和 Internet Explorer(版本不限),数据库系统采用 Microsoft SQL Server。

开发平台为 Visual Studio 2005,开发语言为 C♯。数据库访问技术使用 ADO 技术,ADO 是微软公司的 ActiveX 组件,随 IIS 的安装而自动安装,是用来存取数据库中记录

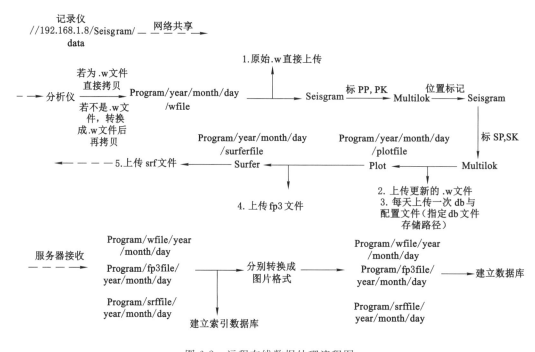

图 6-2   远程在线数据处理流程图

的一种程序。它把对数据库的主要操作封装在 7 个对象中,在 ASP 页面中编程调用这些对象执行相应的数据库操作,数据库操作语言为 SQL。

6.1.3   远程在线监测平台客户端与服务端软件编制

徐州矿区矿震远程在线监测平台中软件系统包括服务器端、客户端及浏览发布模块三大部分。客户端主要完成与 Seisgram、Multilok、Surfer 和矿井微震监测分析软件 Plot 的交互,调用以上软件进行操作分析并将结果上传到服务器,实时监控记录仪上存储的原始波形文件,实现记录仪与分析仪的文件的同步,同时将原始波形文件实时上传至服务器。服务器端主要完成数据处理、添加客户端、界面显示等功能。数据处理包括基础信息配置、将文件转换为图片等任务。添加客户端主要完成客户端的添加,并为其指定局级单位名称、矿区单位名称及发送端口号。界面显示主要显示各个矿区客户端连接状况、文件发送进度以及其他基本信息等。浏览发布模块通过检索数据查询各矿区最新上传的文件存储位置,实时更新显示最新文件信息,并根据用户权限提供下载、浏览等业务。

综上所述,发送和接收部分总共分为客户端的发送软件和服务器端的接收软件。发送和接收软件采用主从式架构(Client/Server)的网络架构,客户端的程序运行在分析仪上,服务器端的程序运行在服务器上。浏览发布模块采用浏览器/服务器(Browser/Server)模式。

网站建设的首要任务是申请固定 IP 地址,获得网站建设的网络地址。通过与中国电信徐州分公司合作,中国电信为矿震远程监测中心提供商务领航网络服务,监测平台固定 IP 地址为 222.187.25.114。为便于用户登录,需申请域名,申请了与 IP 地址建立解析链接的矿震远程在线监测平台 www.mineseism.com 的域名。用户登录界面如图 6-3 所示。

图 6-3　徐州矿区矿震远程在线监测平台登录界面

这里身份级别选择的下拉框分别有矿区身份、局级身份和特殊身份 3 种身份,不同的身份具有不同的权限,原则是矿区的用户只能浏览该矿区的信息,矿局的用户可以浏览该矿所有矿区的信息,而另外不受限制的用户则可以浏览所有矿的信息。

如图 6-4 所示,客户登录到首页后,系统根据不同的用户身份,显示该身份对应的矿区矿震远程监控信息:微震数据分析报表文件、矿震分布报表文件以及震动波形文件。用户可以实时浏览到该矿区的矿震信息,也可下载矿区矿震信息文件。

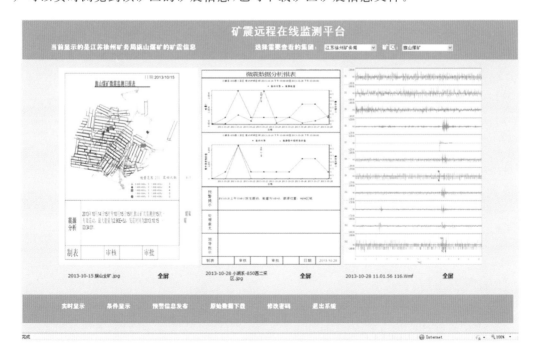

图 6-4　矿震远程监控信息实时显示图

　　客户登录到信息展示界面后,可实时浏览图片区的内容,也可通过检索区所提供功能选择当日之前的图片进行浏览,如图 6-5 所示为检索到的震动波形信息文件,同样也可检索当日报表文件。检索区的实现机理如图 6-6 所示。

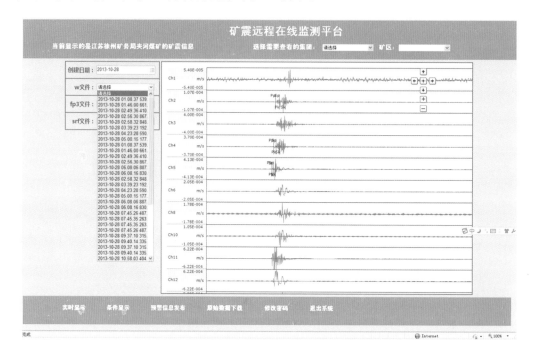

图 6-5　震动波形检索界面

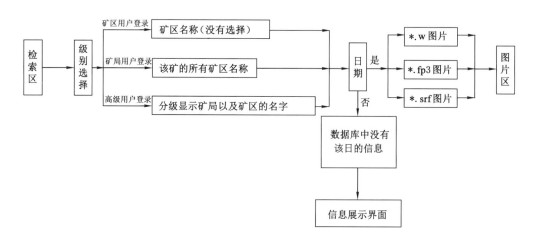

图 6-6　检索区的实现机理

　　检索区中有级别选择下拉框、日期下拉框和 3 种文件的图片下拉框,后者是根据前两者的组合来判断数据库中是否存有相对应的图片信息,若有则在图片区进行显示,若无则提示数据库中没有该日的信息,返回信息展示界面。

级别选择下拉框的内容是根据当前登录用户的权限来判断的,原则是矿区的用户只能浏览该矿区的信息,矿局的用户可以浏览该矿所有矿区的信息,而另外不受限制的用户则可以浏览所有矿的信息。

下载区可为具有特殊权限的用户提供下载功能。点击信息展示界面的下载按钮,如有权限许可,则进入信息下载界面,如图 6-7 所示,在这里可以浏览和下载服务器端提供的信息。如没有权限许可,则提示要求与管理员联系,然后返回信息展示界面。下载界面提供了两种下载方式,一种可通过日期、时间及文件类型在下载文件列表中点击下载;另一种通过选择起始和结束时间批量下载,速度较快,适用于进行反演计算时的数据需求。

图 6-7　矿震文件下载界面

6.2　基于远程平台的专家会诊监测网建设

为了有效地治理冲击地压灾害,徐州矿区建立了基于远程平台的专家会诊机制,通过远程在线监测技术,将徐州矿区的井下监测信息及时反馈给专家决策人员,使得集团领导和冲击地压方面的专家能够及时掌握矿井安全生产动态信息,针对危险情况及时采取有效的防治技术,避免和减少冲击地压造成的危害。

建立远程在线专家会诊机制,一方面能够针对徐州矿区地质条件和矿震规律研究本地冲击地压发生的一般机理和治理措施;另一方面,能够实现与全国其他类似矿井的冲击地压发生规律的对比分析,通过与其他矿井类似条件的开采情况进行工程类比,借鉴经验,实现本矿井的安全开采。

专家会诊机制的监测方法如图 6-8 所示。

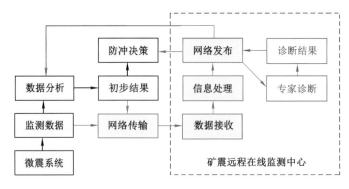

图 6-8　徐州矿区专家会诊机制的监测方法图

6.3　张双楼煤矿冲击地压多参量综合预警云平台

由于张双楼煤矿开采进入千米以下,防冲压力增加,目前矿井综合采用了 SOS 微震监测、应力在线监测、钻屑法监测对冲击危险进行监测与预警,然后通过人工分析方法确定冲击危险等级与区域,再采取相应的防冲解危措施。由于监测的物理量不同,各监测系统数据处理与分析相对独立,不能实现数据的融合;各系统采集的大量数据均靠人工分析,预警结果受分析人员业务能力与经验的影响;分析工作均在早班开展,不能做到不间断反映井下防冲危险程度,不能实时显示矿井采掘工作面的危险程度,给防冲安全管理带来潜在风险。因此,张双楼煤矿正在积极推进冲击地压监测与防治的智能化改革,以满足精准智能开采要求。

为提高监测预警、防冲治理数据分析能力,强化监测预警使用,张双楼煤矿引进中国矿业大学研发的"冲击地压多参量综合预警云平台",建立了张双楼煤矿冲击地压风险智能判识与多参量监测预警云平台,实现多种监测数据融合,达到综合预警的目的。张双楼煤矿冲击地压风险智能判识与多参量监测预警云平台投入使用后,经过一年多的深入研究,已具备监测预警功能,实现了微震、应力、钻屑、大直径卸压等多种监测系统及数据信息统一管理,保证 24 h 不间断监测、分析、预警,特别对中夜班局部应力升高,危险性增加时,能够及时反馈信息,便于调整区域内各采掘工作面生产强度,针对高危险区域可以立即采取相应的卸压解危措施,提升矿井防冲管理水平,如图 6-9、图 6-10 所示。

该平台能够实现微震、应力、钻屑、大直径卸压等多种监测系统及数据信息统一管理。针对不同的监测系统和监测方式,建立科学合理的预警指标,包括:多参量综合、实时、分级预警;近、远场冲击地压危险的震动波 CT 反演空间预警;独有的冲击变形能指数时序预警;"一张图"管理(一张图中展现监测、预警、防治各类信息);监防互馈(针对冲击地压危险在时间和空间两个维度上的监测预警结果,平台可有效指导现场制定防冲解危措施);大震自动语音报警,并构建了基于冲击地压类型支持下的"三场"多参量带权重时空

图 6-9 冲击地压风险智能判识与多参量监测预警云平台

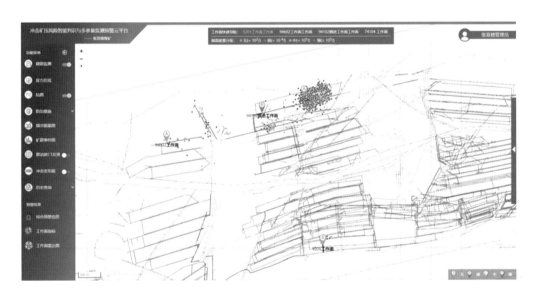

图 6-10 冲击地压风险智能判识与多参量监测预警云平台监测数据显示界面

预警模型。该平台内核集成了中国矿业大学冲击地压研究团队"十三五"国家重点研发计划研发的智能预警模型与算法成果,不但具备数据展示功能,更重要的是具有预警模块,能够实现预警的自动化与智能化。

平台建设成功后,能够达到的效果为:

(1)通过一个信息化平台综合展示微震、钻屑、应力在线、卸压爆破、大直径钻孔卸压信息,对各监测系统信息和数据统一管理,根据不同矿井需求可拓展和接入其他多种监测系统及数据信息。

（2）支持多种终端设备使用，包括台式机、笔记本、平板电脑、智能手机等，便于及时查看并获取信息。可实现异地访问、数据信息查询、预警提示，大幅提高监管效率。

（3）具有多形式预警，包括手机短信、Web浏览器网页、预警卡片、"一张图"等。

（4）采用 SQL 数据库管理，支持多用户对多种监测、防治信息的并发访问、异地访问。为防治信息化，提供信息录入接口以及后台有痕管理，提供必要的数据支撑。

（5）设计有独特的冲击危险区域震动波 CT 反演和冲击变形能指数时序预警模块，可将分析结果以云图形式进行展示，也可与震源等信息叠加显示。

（6）平台具有矿震自动辅助分析和语音报警功能，可快速实现矿震震源自动定位和能量计算，并能对矿震信号进行实时监测分析、分区以及分能量级别语音报警，并存储报警数据至数据库。

（7）可视化呈现图表、插值及云图等多样化呈现方式，直观化实时展示冲击地压信息，如冲击地压危险程度通过表格展示无、弱、中、强；应力状态通过云图形式显示空间分布状态。

（8）实现监测信息网络发布与共享下载，并建立后台管理系统，实现各级用户信息下载、服务信息上传、用户权限设置、添加和删除等服务。

（9）以云图形式圈定危险区域实现冲击危险区域的可视化；以卡片形式显示设定区域内的冲击危险预警级别，并交互显示各类多参量指标的危险趋势曲线。

（10）可利用浏览器浏览矿井采集的矿震信号波形、矿震分布、应力变化、多参量趋势变化、冲击危险分布和预警结果。另外，也可以通过 App 同步浏览网络平台显示的相关信息。

该平台已经在张双楼煤矿试验应用，效果显著，现场实践应用如图 6-11 所示。

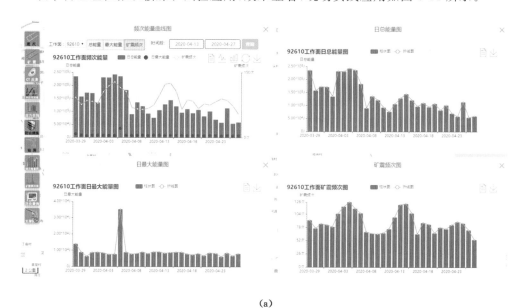

（a）

图 6-11　冲击地压多参量综合预警云平台现场应用

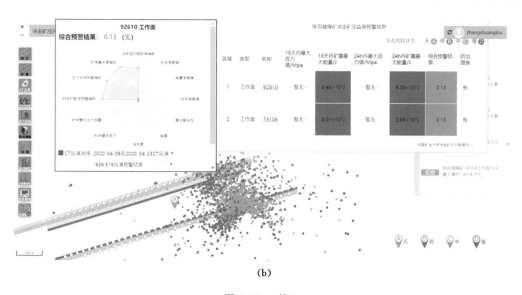

图 6-11　（续）

（a）矿震活动规律报表；（b）综合智能预警与实现

冲击地压多参量综合预警云平台的建设将实现张双楼煤矿冲击地压的在线监测、智能判识与实时预警，极大地提高冲击危险监测预警与防控能力。

同时，张双楼煤矿已经具备自主震动波 CT 反演预警冲击危险的能力，在冲击地压多参量综合预警云平台的基础上，将会自主进行震动波 CT 反演，从而提高预警时效性与准确性，大幅度提高应力区域反演、冲击危险性超前预警、卸压效果定量检验的能力，为保证张双楼煤矿掘进与回采期间冲击危险的精准预测、精准卸压奠定了基础。

6.4　本章小结

（1）针对徐州矿区不同矿井安装的不同微震/矿震监测系统数据格式不同，采用数据转换的方法，将不同矿区震动数据文件进行了标准化，以便于能够进行远程传输与共享。

（2）采用 C/S 体系结构客户端和服务器、B/S 体系结构 Web 发布模块、Microsoft Windows Server 2003 网络操作系统、IIS6.0 Web 服务器软件开发环境，研发了徐州矿区矿震远程在线监测平台。系统包括服务器端、客户端以及浏览发布模块三大部分，实时监控震动波形文件，实时上传至服务器，并根据用户权限提供下载、浏览等业务。

（3）通过与中国电信徐州分公司合作，为矿震远程监测中心提供商务领航网络服务，申请了与 IP 地址建立解析链接的矿震远程在线监测平台的域名。

（4）建立了基于远程平台的专家会诊机制。通过远程在线监测技术，将徐州矿区的井下监测信息及时反馈给专家决策人员，使得集团领导和冲击地压方面的专家能够及时掌握矿井安全生产动态信息，针对危险情况及时采取有效的防治技术。

7 徐州矿区深井开采三维应力优化防冲技术

7.1 冲击地压防治理论与原则

冲击地压的发生必须要满足强度条件(即煤岩体上所受的应力要超过煤岩体的强度,煤岩体才会发生破坏)、能量条件(即煤岩体中要不断积聚能量,并且能够突然释放)、煤岩体具有冲击倾向性(即具有发生脆性破坏的能力)等3个条件,即煤岩体所受的应力没有超过煤岩体的强度,煤岩体就不会发生破坏,就不会出现冲击地压现象;煤岩体中虽然能够积聚能量,但若耗散的速度大于积聚的速度,就不会突然释放,也不会发生冲击地压;而煤岩体没有突然破坏的能力,也就不会发生冲击地压现象。考虑到徐州矿区千米深井冲击地压发生机制为动载应力波与静载应力耦合诱发,冲击地压防治应以强度弱化减冲原理为指导与依据。

图 7-1 所示为煤岩动力灾害的强度弱化减冲理论模型。由图可知,通过卸压爆破等手段降低顶底板的强度及整体性厚度、煤体的强度就可以减小组合煤岩体的能量积聚速率,降低总的可释放应变能,从而实现冲击灾害强度的弱化,这就是冲击动力灾害强度弱化控制机理的理论基础,即:① 在冲击危险区域,采取松散煤岩体的方式,降低其强度、顶板的整体性厚度,使得冲击倾向性降低;② 对煤岩体的强度进行弱化后,应力高峰区向煤体深部转移,降低煤岩体积聚冲能的速率;③ 采取强度弱化解危措施后,诱发煤岩体的冲能,降低冲击地压的强度。

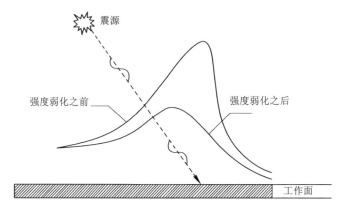

图 7-1 煤岩体强度弱化前后能量的积聚与能量释放

工作面周围煤岩体中的能量存在积聚、转移、释放的过程。防治则可以采用边回采

（掘进）、边监测、边治理的动态防治技术，即工作面生产→冲击危险监测→能量积聚→卸压爆破→能量释放→生产→再监测……当煤岩体中所积聚的弹性应变能接近极限值时，有可能造成能量的突然释放，发生岩爆（冲击地压）。积聚和释放能量的大小可通过微震、声发射以及电磁辐射技术来监测，当接近最小冲击能时，利用卸压爆破释放煤体中所积聚的大量弹性能，可达到降低冲击危险的目的。

7.2　三维应力场优化防冲技术

7.2.1　降冲技术措施

冲击源能量的形成有动载应力、静载应力以及两者共同作用形成 3 种形式。① 煤层掘进巷道的动载应力来源于地质异常带所导致的煤岩体破断和裂隙，在外界扰动下，异常带的裂隙扩展、相互滑动释放能量；当裂隙扩展到一定程度后，极易诱发异常带的煤岩整体破断，向外部释放大量能量，传递到煤层巷道的表面，将巷帮煤体抛向巷道，形成冲击地压，此种即为动载形式冲击源。② 当异常区释放的震动能量传递到煤巷高应力区域，与煤层原有的静载应力叠加，超过煤体极限强度引起煤体的破坏，形成动静载叠加型冲击源。③ 在异常区形成的高静载应力区掘进巷道，易引起高静载应力的突然卸载，引起煤体的爆裂，形成静载型冲击源。采取降低冲击源的措施也需要从这几个方面入手。

（1）远离异常区布置巷道原则。

3 种类型的冲击源均由异常区引发，且动载形式冲击源较难防治，所采取的最有效的方式是在布置煤层掘进巷道时尽量远离褶曲、断层、顶板变化、煤厚变化、煤柱等异常区。

（2）巷道超前先卸压后掘进原则。

在不可避免的高应力异常区巷道掘进过程中，为了降低冲击源的能量需掘进前对巷道围岩施工卸压措施，降低煤体中储存的弹性能，然后再进行巷道的开掘工作。围岩预卸压的措施有超前卸压钻孔、顶板爆破等，应根据不同地质与开采技术条件，合理选择卸压措施。

（3）及时卸压原则。

虽然实施了超前卸压，降低了煤层中积聚的应力，但巷道掘进后，仍然会在巷道两帮重新积聚能量。掘进完成的巷道，需要在巷帮位置施工卸压措施。根据统计分析，掘进巷道冲击地压主要发生在掘进头后方 100 m 范围内的两帮位置，100 m 以外的区域岩层活动相对较为稳定，发生冲击地压的可能性降低。要使得卸压措施的效用发挥到最大值，巷道掘进后，卸压措施施工位置选择在迎头后方 100 m 范围内。根据统计，随着与迎头距离的增加，巷帮受迎头的保护作用降低，冲击危险性增加。巷道最容易发生冲击地压破坏区为距离迎头 12～30 m 范围的巷帮位置，为保证最危险区域得到有效的卸压防治，巷道掘进完成后的卸压措施要最大可能地紧靠迎头位置。

（4）避免留底煤，有底煤必卸压原则。

含有底煤的巷道发生冲击地压时，极易引发底鼓破坏；随着煤层厚度的增加，底板煤层易积聚能量，破坏时向外部释放震动能量，特别是水平应力较大时，顶底板积聚能力更强。底煤巷道的支护影响后期卧底、运输等工作，增加支护成本高，因此底板一般不采用支护措施,故在受到同等冲击源能量作用时,相较于顶板及巷帮更容易发生破坏。因此煤层巷道掘进时,坚持"避免留底煤、有底煤必卸压"的原则。

（5）控制掘进速度的原则。

采掘工作面的推进速度与震动之间存在着明显的对应关系,即工作面的推进速度越快,煤岩破裂强度增加,产生的震动就越多,震动释放的能量就越高,从而增加冲击危险性。三维采场不同采掘速度条件下的能量及应力变化的数值模拟结果为:在进尺相同的条件下,推进速度越快,累计开挖次数越多,释放的总弹性能峰值越高;在开挖次数相同的情况下,单次开挖量越大,单位时间内释放的总能量越大,其中峰值尤其明显,单位时间内释放的最大弹性能也越大;单位时间内释放弹性能的体积也随开挖量的增大而增大;围岩的应力转移和调整过程具有累积效应;在连续开挖过程中,推进速度越慢,产生的破裂事件越多,增多的大部分是小能量事件($<1 \times 10^5$ J),而且连续开挖的速度越快,大能量事件所占的比例就越高;在推进速度相同的条件下,开挖量越大,主应力差变化速率越大,应力状态的急剧变化会驱使煤岩体单元的应变发生突变,冲击的可能性增大。因此,合理的推进速度对冲击危险的控制至关重要。

7.2.2 增加冲击阻能技术措施

增阻措施具体如下:

（1）降冲过程的增阻。所采取的降冲措施中的卸压孔、爆破等措施不仅能够降低冲击源能量,同时增加了煤岩体的破碎性,进而增加了波在传播过程中的衰减,起到了增加冲击阻能的作用。

（2）增加巷道支护强度原则。增加巷道支护强度,运用高强度锚索、高强度锚杆支护,使巷帮煤体整体受载,增强冲击阻能;对特殊的强冲击危险区,采用多级复合支护,如在锚网支护的基础上,采用可缩性支架、单元支架、门式支架等进行加强支护。

7.2.3 全断面超前卸压三维应力优化技术

如图 7-2 所示为采取全断面超前卸压后应力变化情况图,从图中可以看出在进行此措施之前,应力高峰区形成的包围圈与巷道之间的距离较近,严重威胁巷道的安全生产;进行钻孔卸压后,应力高峰区形成的包围圈与巷道之间的距离明显加大,对巷道的影响程度降低。

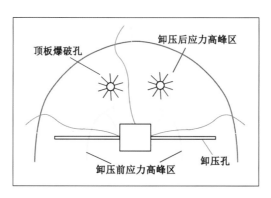

图 7-2 巷道掘进全断面超前卸压示意图

如图 7-3 所示为使用超前卸压钻孔和不使用超前卸压钻孔示意图,从图中可以看出,未进行全断面超前卸压时,巷道向前掘进,A 和 B 两个区域为非卸压区,影响巷道掘进面的安全;使用全断面超前卸压后,A 和 B 两个区域处于卸压状态,应力得到一定释放,向前掘进时,巷道迎头区域处于相对安全状态。因此,全断面超前卸压钻孔保证了巷道掘进过程中迎头区域处于卸压状态,从而保证了巷道的安全掘进。

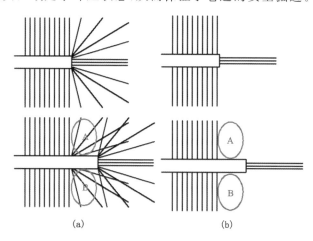

(a)   (b)

图 7-3   超前卸压与不超前卸压差异图

(a) 超前卸压;(b) 不超前卸压

全断面卸压后,巷道围岩三维空间应力得到优化,如图 7-4 所示。

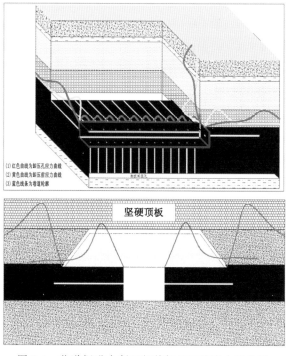

图 7-4   巷道掘进全断面超前卸压三维应力优化图

7.3 冲击地压卸压技术与关键参数

7.3.1 煤层钻孔卸压技术与关键参数

7.3.1.1 钻孔直径的选定

应用 FLAC³ᴰ 大型数值模拟软件,分别模拟了不同埋深条件下,不同钻孔直径、不同钻孔间距对钻孔卸压效果的影响。模拟结果表明在埋深为 1 000 m 时,随着钻孔直径的变大,塑性区范围逐步增加。塑性区越大说明钻孔周围煤体破坏范围越广,煤体中释放的能量越多,卸压效果也越好,由此可以证明钻孔卸压效果随着钻孔直径的增大而越来越好。

虽然钻孔卸压效果随着钻孔直径的增大和钻孔间距的缩小而变好,但徐州矿区各矿井生产实践表明,由于钻进动力显现、钻孔施工机具及钻孔卸压工作量等因素制约,钻孔直径大于 250 mm 时,钻进过程中易发生钻孔冲击等强烈而危险的动力现象,钻屑量达到 1～5 t/m,造成钻进操作困难等。因此,钻孔直径不能无限增大,达到卸压效果即可。根据徐州矿区各矿井煤岩层冲击倾向性、物理力学参数及现场实际,确定徐州矿区煤层钻孔卸压的钻孔直径不小于 100 mm,一般在 100～150 mm。

7.3.1.2 间距的选定

大直径钻孔卸压后,钻孔周围煤体形成破裂区、塑性区与弹性区,煤体应力应变满足摩尔-库仑准则,由于钻孔周围煤体产生了稠密的破断裂隙,这部分煤体变形模量将比原生煤体的变形模量大幅度降低,两者的比值可称作卸压系数。它是钻孔卸压效果的标志,钻孔周围煤体产生裂隙及破碎是产生卸压作用的根本原因。

根据巴布柯克的经验公式,卸压系数 K 由下式计算:

$$K = \frac{W}{L}\left[\frac{1 + \frac{D}{W} \cdot \frac{W}{L}}{1 + \frac{D}{W} \cdot \frac{W}{L} \cdot \frac{D}{L}}\right] \tag{7-1}$$

式中　W——钻孔边界的距离,mm;

　　　D——大直径钻孔孔径,mm;

　　　L——$L = D + W$,钻孔间距,mm。

由式(7-1)可看出,钻孔周围煤体的卸压程度取决于钻孔间距 L,L 越小,K 越大,卸压程度越好。

采用 FLAC³ᴰ 软件对埋深 1 000 m 的钻孔间距进行数值模拟,模拟结果说明在埋深 1 000 m 时,大直径钻孔能破坏钻孔周围煤体,使得煤体中的应力集中得到释放,起到卸压作用,并且随着钻孔间距的缩小,钻孔卸压的效果越来越好。

虽然钻孔卸压效果随着钻孔间距的缩小而变好,但由于钻孔施工工作量等因素制约,钻孔间距不能无限缩小,达到卸压效果即可。根据徐州矿区各矿井煤岩层冲击倾向性、物理力学参数及现场实际,确定徐州矿区煤层卸压钻孔间距为 2～5 m 较为适合。

7.3.1.3 钻孔深度的选定

张双楼煤矿与中国矿业大学在进行科研项目研究中,采用 FLAC³ᴰ 软件模拟了钻孔直径为 110 mm,钻孔深度分别为 3 m、5 m、10 m、15 m 的软及硬煤巷道应力转移规律。模型尺寸水平方向取 60 m,垂直方向取 40 m,即分别为模型的宽、高。巷宽 3 m,墙高 2 m,拱高 1.5 m。模型底面固定约束,侧面均水平方向约束,顶部距地表 900 m。

通过数值模拟分析得到,钻孔深度为 3 m、5 m 时卸载效果不太明显,而在钻孔深度为 10 m、15 m 时效果很明显,随着钻孔深度增加,卸载效果越来越明显。实际钻孔卸压施工中,根据徐州矿区各矿井煤岩层应力分布曲线、冲击危险性大小等因素,确定煤层卸压钻孔深度为 10～50 m 较为合理,还要视具体采场条件而定。

7.3.1.4 钻孔布置方式的选定

通过 ANSYS 软件对相同钻孔密度下不同布置方式(单排、三花、四方)的卸压效果进行模拟,根据模拟结果分别对不同布置方式的钻孔卸压效果进行分析评价,评价结果见表 7-1。

表 7-1 各钻孔布置方式卸压效果统计

布置方式	水平应力卸压评价			垂直应力卸压评价	
	卸压程度	卸压厚度	均匀度	卸压厚度	均匀度
单排	优	优	良	优	优
三花	良	优	优	良	良
四方	优	优	良	差	差

从比较结果来看,在水平应力卸压方面,3 种钻孔布置方式效果大致相当,都为 2"优" 1"良",三花布置虽然在垂直方向卸压厚度和均匀度方面略有优势,但由于其钻孔相对分散,卸压程度远不及钻孔相对密集的单排布置。而在垂直应力的卸压效果方面,单排布置最优,三花布置其次,四方布置最差,究其原因,亦为钻孔布置过于分散,彼此相互影响较小,易形成新的应力集中。

因此,徐州矿区煤层卸压钻孔布置以单排眼为主。

7.3.1.5 超深孔大直径煤层钻孔卸压

徐州矿区冲击地压矿井开展钻孔预卸压以来,实施钻孔预卸压区域的冲击危险程度明显降低,有效遏制了冲击动力现象的发生。但张小楼矿井在-1 025 m 水平西一下山采区 95208 工作面运输道过上覆 7 煤遗煤柱段掘进过程中,虽然采取了加密钻孔卸压等防冲措施,仍多次出现动力显现。为保证 95208 工作面回采过上覆 7 煤煤柱期间的防冲安全,在该区域两道实施常规钻孔卸压的基础上又开展了深孔钻孔卸压探索,通过该项技术的开展,工作面实现了安全回采。

95208 工作面深孔钻孔卸压时间为 2012 年 11 月 6 日至 2013 年 1 月 22 日。工作面深孔卸压采用 CMS1-6200/80 煤矿用深孔钻车和 MK-5S 液压坑道钻机,ϕ76 mm、$L=$ 1 000 mm 麻花钻杆/三棱钻杆配套 ϕ89～108 mm 钻头。预卸压钻孔布置在煤层内,钻孔间距 10 m,眼口距底板 1.2～1.5 m,平行于煤层方向,垂直于巷道煤壁,孔径 108 mm,深度为 80～120 m。深孔卸压示意图如图 7-5、图 7-6 所示。95208 工作面回采期间,累计煤层预卸压钻孔数量为 44 孔,深度为 81～96 m。

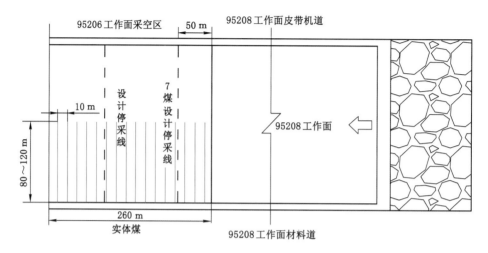

图 7-5 95208 工作面材料道 7 煤煤柱影响区下深孔卸压示意图

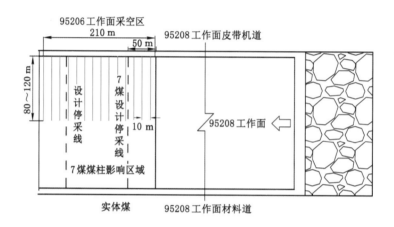

图 7-6 95208 工作面皮带机道 7 煤煤柱影响区下深孔卸压示意图

通过 2013 年 3 月 24 日至 3 月 29 日震动数据,对 95208 工作面及周边应力分布状态进行了震动波 CT 反演,如图 7-7、图 7-8 所示。工作面中部黑色粗线圈定的范围为中等以上冲击危险区,其余部分为一般冲击危险区。

由反演结果可以发现工作面中部高应力区域能量已有明显减弱,皮带机道一侧已无高应力区域,说明前一阶段的卸压工作达到了预期的目的。

为分析掌握钻孔预卸压的效果程度,对 2013 年 1 月 2 日至 3 月 3 日 95208 采煤工作面区域内的微震频次、能量、震源集中度进行分析,如图 7-9 所示。

分析图 7-9 可知,自 2013 年 1 月 27 日 95208 采空区发生 1 个能量为 2.2×10^5 J 的矿震以来,1 个多月时间内 95208 工作面未出现超预警值的矿震信号,实施深孔钻孔预卸压后微震能量有不同程度的降低,微震能量和震源集中度分布趋于均匀,说明煤层深孔钻孔起到了较好的卸压作用。

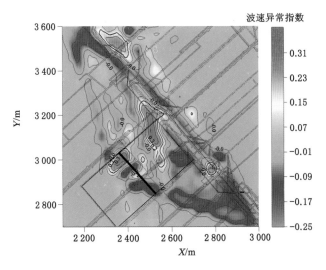

图 7-7   波速异常指数分布图

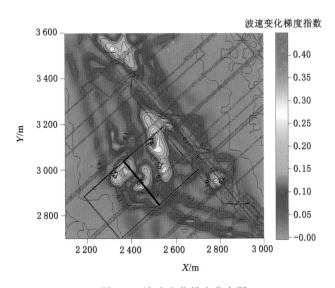

图 7-8   波速变化梯度分布图

7.3.2   顶板深孔爆破卸压与关键参数设计

7.3.2.1   炮眼深度

炮眼深度需根据煤层上方坚硬顶板的厚度以及炮眼的倾角来计算,但受施工机具的限制。如果坚硬顶板的厚度在 30~35 m 以内,可以一次成孔,打穿整个顶板岩层;如果厚度大于 35 m 甚至达到 100 m 以上,则打穿一部分顶板,爆破效果也会受到影响。炮眼深度的计算式为:

$$L = \frac{h_z + h_1}{\sin \alpha} \tag{7-2}$$

式中 L——炮眼深度;

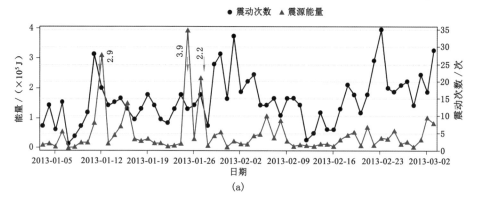

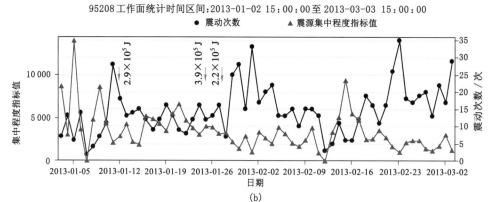

图 7-9　2013-01-02—2013-03-03 微震频次、能量、震源集中度关系

h_z——直接顶的厚度,m;

h_1——坚硬顶板的厚度,m;

α——钻孔的倾角,(°)。

对坚硬顶板预断裂卸压爆破,一般都是采用扇形的多孔布置,角度从 15°、35°、55°、75°依次布置 4 个钻孔。

7.3.2.2　炮眼间距

炸药爆炸后,从爆源向外依次形成压碎区、裂隙区和震动区。计算爆破作用下产生的裂隙区范围,可以确定合理的炮孔间距。由于爆破是在无自由面情况下进行的,不耦合装药时,按爆炸应力波计算卸压爆破的裂隙区范围。

不耦合装药爆破,作用于孔壁上的径向应力峰值,即初始冲击压力 p_r 为:

$$p_r = \frac{1}{8} n \rho_e D^2 \left[\frac{d_c}{d_b} \right]^6 \tag{7-3}$$

式中　ρ_e, D——炸药密度和爆速,$\rho_e = 1.20 \times 10^3$ kg/m³,$D = 4\ 400$ m/s;

d_c, d_b——炸药和炮孔直径,mm;

n——爆生气体碰撞岩壁时产生的应力增大倍数,$n = 8 \sim 12$,取 12。

在爆炸冲击压力作用下,沿炮孔切向的最大拉应力 $\sigma_{\theta\max}$ 分布特征为:

$$\sigma_{\theta\max} = \frac{bp_r}{\overline{r}^a} \quad\quad\quad (7\text{-}4)$$

$$b = \frac{\mu}{1-\mu} \quad\quad\quad (7\text{-}5)$$

$$a = 2 - b \quad\quad\quad (7\text{-}6)$$

式中　b——波速比;

　　　p_r——炸药爆炸时对孔壁产生的初始冲击压力值;

　　　$\overline{r}$——比例距离 r/r_c,即炮孔周围任一点至药包中心距离与装药半径之比;

　　　μ——煤岩层的泊松比,取 $\mu = 0.2 \sim 0.3$;

　　　a——应力波衰减系数。

由于径向裂隙由拉应力引起,因此,可以用煤体的抗拉强度代替其切向拉应力峰值,即 $\sigma_{\theta\max} = \sigma_t$。根据弹性理论,由式(7-4)求得炮孔周围爆破后的裂隙区半径为:

$$R = \left(\frac{bp_r}{\sigma_t}\right)^{\frac{1}{a}} r_b \quad\quad\quad (7\text{-}7)$$

式中　σ_t——岩体的抗拉强度,MPa;

　　　r_b——炮孔半径,mm。

例如,炮眼直径为 55 mm,药卷直径为 50 mm,可得初始冲击压力为:

$$p_r = \frac{1}{8}n\rho_e D^2\left[\frac{d_c}{d_b}\right]^6 = \frac{1\,200 \times 4\,400^2}{8} \times \left(\frac{50}{55}\right)^6 \times 12 = 19\,670\ (\text{MPa})$$

顶板岩层的泊松比取 0.25,则 $b = \frac{\mu}{1-\mu} = 0.33$,顶板岩层的抗拉强度取 4 MPa,则裂隙区半径为:

$$R = \left(\frac{bp_r}{\sigma_t}\right)^{\frac{1}{a}} r_b = \left(\frac{0.33 \times 19\,670}{4}\right)^{\frac{1}{1.67}} \times 27.5 = 2\,300\ (\text{mm})$$

说明在炮眼直径为 55 mm、药卷直径为 50 mm 的 RHM-Ⅱ型乳化炸药情况下,爆炸后形成的裂隙区半径达到 2 300 mm,直径为 4.6 m,则炮眼间距可取 5.0 m。

7.3.2.3 装药量

装药量对于卸压爆破的效果起到非常关键的作用,同时也是一个非常敏感的爆破参数。如果装药量设计不合理,就起不到应有的卸压效果,或者破坏巷道现有的支护系统,甚至有可能诱发冲击地压。

已知空气不耦合装药条件下,炮眼壁上产生的冲击压力 p_c 为:

$$p_c = \frac{1}{8}n\rho_e D^2\left[\frac{d_c}{d_b}\right]^6\left(\frac{L_c}{L_c + L_a}\right) \quad\quad\quad (7\text{-}8)$$

式中　L_c——炮眼装药长度,m;

　　　L_a——炮眼中封孔长度,m。

当 $p_c \leqslant K_b S_c$ 时,且充分考虑到初始爆炸冲击波压力在煤体破碎区的衰减,由式(7-8)可求得每米炮眼的装药长度为:

$$L_c = \frac{8K_b S_c}{n\rho_e D^2}\left(\frac{d_b}{d_c}\right)^6 \left(\frac{d_b}{d_c}\right)^\partial \qquad (7\text{-}9)$$

式中　∂——爆炸冲击波在破碎区的衰减指数,一般取$\partial=3$;

　　　　K_b——体积应力状态下岩体抗压强度增大系数,取$K_b=12$;

　　　　S_c——岩体的单轴抗压强度。

根据研究结果,冲击波能占炸药总能量的$10\%\sim20\%$,爆生气体膨胀能量占炸药总能量的$50\%\sim60\%$,而其余的$20\%\sim30\%$的爆炸能量损失掉而变成无用能。

考虑到爆炸冲击波用于煤体裂隙区的形成和扩展,其能量只占爆炸总能量的$10\%\sim20\%$,取平均值15%。以上节爆破孔参数为例,炮眼直径为55 mm,药卷直径为50 mm,坚硬顶板单轴抗压强度取90 MPa,代入公式(7-9),经计算,则每米炮眼需要的装药长度为:

$$L_c = \frac{8K_b S_c}{n\rho_e D^2}\left(\frac{d_b}{d_c}\right)^6 \left(\frac{d_b}{d_c}\right)^\partial = \frac{\dfrac{8\times12\times90\times10^6}{12\times1\,200\times4\,400^2}\times\left(\dfrac{55}{50}\right)^9}{0.15} = 0.487 \text{ (m)}$$

假设炮眼深度为35 m,则每孔装药长度为17.0 m,封孔按照规定不小于孔深的$1/3$,约为11.7 m,现场实践可取$12\sim15\text{ m}$。

《冲击地压测定、监测与防治方法 第13部分:顶板深孔爆破防治方法》(GB/T 25217.13—2019)已于2020年3月1日实施,顶板深孔爆破的布置方法与参数设计应以该标准为依据,同时结合矿井具体的地质与生产技术条件,对技术参数与施工工艺进行优化。徐州矿井通过采取顶板深孔爆破,大幅度降低了顶板型冲击地压灾害强度,成功开采了多个千米以深冲击危险工作面,尤其以张双楼煤矿为代表,在深孔爆破参数设计、工艺优化、现场施工等方面取得了新的进步,为深井开采冲击地压控制提供了技术支持。

7.4　千米深井冲击危险巷道加强支护技术

7.4.1　强冲击危险巷道全锚索支护技术

除利用传统的卸压技术对危险区域进行卸压解危,针对徐州矿区千米深井巷道面临的大变形、易冲击双重支护难题,徐州矿区积极探索新的支护方式与支护参数设计,以满足千米深井巷道围岩控制要求。实践的基础上提出了顶板全锚索支护技术,起到了显著的效果。

庞庄煤矿95210工作面位于$-1\,025\text{ m}$水平西一下山采区西翼,东翼为95211工作面采空区,浅部为95208工作面采空区,深部为9煤未采区,标高$-1\,100\sim-1\,135\text{ m}$。煤层由预计止采线向切眼煤层逐渐增厚,煤层中部的夹矸同时增厚。煤层倾角平均$5°$,东翼深部背斜斜穿该面,受该背斜构造应力的影响,局部角度会达到$15°$。基本顶为砂岩,厚16.35 m;直接顶为砂岩,厚3.0 m。工作面上覆75212工作面和75214工作面局部未采区,95210工作面材料道布置在75210工作面7煤煤柱下的长度为206 m,影响范围约230 m;95210工作面皮带机道及联络巷布置在75214工作面7煤煤柱下的长度为182 m,影响范围约200 m;切眼中部处于7煤煤柱下的巷道长度为140 m,影响范围约180 m。经综合指数法整体定性,冲击危险性指数为0.74,为中等偏强冲击危险状态;经多因素耦合指数法分段定级,95210工作面材料道和皮带机道煤柱下的巷道冲击危险程度达到强冲击危险。

巷道设计初期的支护参数为:

(1) 7煤采空区下一般采用锚杆支护,锚索加强支护。顶板每排布置7根 $\phi22$ mm、 $L=2\,400$ mm左旋无纵筋螺纹钢等强锚杆,间排距750 mm×800 mm;加强支护锚索布置方式及要求:锚索规格为 $\phi18.9$ mm、 $L=6\,300$ mm,沿巷道中心线及左右对称布置,每组3根,间距1 300 mm,排距2 400 mm。

(2) 7煤煤柱下一般采用顶板全锚索支护。顶板每排布置7根 $\phi18.9$ mm、 $L=4\,300$ mm的钢绞线全锚索支护,间排距750 mm×800 mm;并用 $L=6\,300$ mm锚索进行加强支护,沿巷道中心线及左右对称布置,每组3根,间距1 300 mm,排距1 600 mm。中间5根锚索托盘横向布置,两帮肩窝锚索呈75°打入顶板,锚索托盘沿巷道走向布置,锚索预紧力不得小于160 kN,不大于200 kN。如图7-10所示为95210工作面顶板全锚索支护图。两帮每排自顶板向下250 mm开始布置4根 $\phi22$ mm、 $L=2\,400$ mm左旋无纵筋螺纹钢等强锚杆(底角锚杆使用让压套锚杆),间排距800 mm×800 mm;铺一块3 000 mm×1 000 mm金属菱形网,压2.6 m钢筋梯子梁(4个眼孔,孔距800 mm),配合碟形托盘(140 mm×140 mm×10 mm),塑料减摩垫圈、快速安装螺母联合支护。两帮肩窝锚杆呈75°打入顶板,并配套使用异形托盘;巷道底角锚杆使用 $\phi22$ mm、 $L=2\,400$ mm让压锚杆,呈60°打入底板,并配套使用让压套、球形托盘、减磨垫圈、金属平垫圈、高强阻尼螺母联合支护;每根锚杆使用一卷MSK-2370型树脂药卷进行端头锚固,搅拌时间为15~25 s,凝胶时间为41~90 s,等待时间为90 s;相邻网的压茬控制在100~200 mm,并每间隔200 mm用14#铁丝双股连接;两帮锚杆滞后迎头两排施工。

图 7-10　95210工作面顶板全锚索支护图

7.4.2　煤柱区域顶板全锚索支护参数优化

由于95210工作面材料道布置处于7煤煤柱影响范围约230 m,95210工作面皮带机道及联络巷布置处于7煤煤柱影响范围约200 m,95210工作面开切眼处于7煤煤柱影响范围约180 m,7煤煤柱下方巷道达到严重冲击危险程度,因此,在冲击地压防治方面除采取加大监测卸压力度外,还要对该区段巷道采取防冲强支护的措施。庞庄矿对7煤煤柱区下方巷道采取了顶板全锚索支护的措施,收到了良好的效果。

根据分析顶板支护厚度不够,全锚索支护 4.3 m 段在较高的地应力作用下出现了离层,造成了下部岩石的重量全部由加强锚索来支护,故出现了加强锚索的破坏。为了证实这一情况,对该处进行了顶板窥视,窥视结果显示顶板 3 m 以内岩层较破碎,4 m 处仍有裂隙。根据这一窥视结果,对全锚索支护段进行了支护参数修改。原作为主体支护的锚索长度由 4.3 m 改为 5.2 m,对已支护的巷道加补长度为 6.3 m 的锚索,这种支护参数一直延伸到煤柱外 10 m。另外取消让压套的使用。由于锚杆的延伸率在 15% 以上,2.4 m 锚杆去除锚固和外露自由段长度为 1.6 m,按延伸率 15% 计算锚杆自身的延长为 240 mm,而让压套仅为 10 mm 左右,与锚杆自身的延伸长度相比,让压的绝对数值较小,让压效果不明显,所以取消让压套的使用。

7.4.3 采空区下支护参数的修改

原设计参数为 3 根加强锚索,长度为 6.3 m,根据窥视和观测的情况看,顶底板及帮移近量不大,设计修改为加强支护的锚索为 1 根,长度为 5.3 m,锚固力拉拔试验可达到设计要求;其他支护参数不变。另外,巷道的循环进尺由 1.6 m 改为 2.4 m,提高了掘进效率。

7.4.4 煤柱区域顶板全锚索支护效果分析

95210 工作面材料道及皮带机道矿压观测数据如表 7-2 所列。

表 7-2 95210 工作面材料道及皮带机道矿压观测数据

测点名	观测天数/d	顶板下沉量/mm	底鼓量/mm	帮移近量/mm	顶板离层量/mm 深	浅
材料道 1#(煤柱区)	117	67	365	336	5	0
材料道 2#(煤柱区)	110	72	552	287	8	10
材料道 3#(煤柱区)	104	107	739	229	5	6
材料道 4#(煤柱区)	90	62	517	154	6	9
材料道 5#(采空区)	82	48	192	178	8	10
材料道 6#(采空区)	68	42	210	117	—	—
材料道 7#(采空区)	60	36	180	120	—	—
皮带机道 1#(煤柱区)	115	189	753	583	46	26
皮带机道 2#(煤柱区)	104	75	559	296	40	55
皮带机道 3#(煤柱区)	77	57	412	161	94	31
皮带机道 4#(煤柱区)	70	48	400	124	38	22
皮带机道 5#(采空区)	62	48	220	148	4	5
皮带机道 6#(采空区)	49	30	222	105	13	6
皮带机道 7#(采空区)	35	20	135	82	4	10

分析表 7-2 可得出,煤柱下巷道的顶板下沉量、底鼓量、帮移近量数值明显大于采空区下的巷道。实际的钻屑检测也证明,煤柱下巷道的冲击危险程度比采空区下巷道大得多,95210 工作面皮带机道冲击危险程度比 95210 工作面材料道大一些,但经过采取顶板

全锚索支护和强卸压后,钻屑检测没有超指标现象,见表7-3。

表7-3　95210工作面钻屑检测数据

钻屑检测位置	不同孔深煤粉量/(kg/m)									孔深/m	动力显现
	2 m	3 m	4 m	5 m	6 m	7 m	8 m	9 m	10 m		
95210工作面皮带机道开口向里82 m工作面侧巷帮	1.5	2.0	2.5	2.3	2.8	3.5	4.6	5.0	5.6	10	无
95210工作面材料道开口向里106 m工作面侧巷帮	1.6	1.8	2.0	2.4	2.1	2.6	2.7	3.0	3.6	10	无
钻粉量临界值/(kg/m)	2.3	2.5	2.8	3.9	4.8	5.3	6.5	8.8	9.3	—	—

针对不同冲击危险程度区域采取不同的支护参数设计。冲击危险性大的区段,支护厚度和支护强度要加大。煤柱下的巷道采取了顶板全锚索支护,95210工作面皮带机道煤柱下的部分支护锚索长度达到了5.3 m,支护锚索的间排距达到锚杆的密度,这个区段如采用类似采空区下的锚杆支护加锚索加强支护的方式是支护不住的,动载突然来到时,巷道抵抗冲击的能力是极低的,极易发生冲击地压。

7.4.5　倾斜煤层巷道抗冲击支护技术

张双楼煤矿煤层倾角较大,局部达到25°以上,上帮侧巷高大于4 m,上帮侧煤体稳定性差,在冲击动载作用下,上帮侧煤体极易发生顺层滑移,因此对于千米倾斜煤层巷道需要采取强化支护技术。

7.4.5.1　高强度支护体系

在冲击危险区域选取ϕ22 mm、L＝2 400 mm、屈服强度为500 MPa的左旋螺纹钢高强锚杆,锚杆间排距为750 mm×800 mm,并配合长×宽为8 000 mm×1 000 mm的金属菱形网、W钢带、长×宽×厚为120 mm×120 mm×10 mm的锚杆盘进行联合支护;锚索采用ϕ18.9 mm、L＝6 250 mm的锚索,锚索间排距为2 400 mm×1 600 mm。其中中等及以上冲击危险掘进巷道选用ϕ22×6 250 mm注浆锚索、ϕ22×2 400 mm让压锚杆、170 mm宽W钢带、150 mm×150 mm×12 mm大直径锚杆托盘等具有强抗变形和护表能力的主动支护,如图7-11所示。

图7-11　倾斜煤层巷道中等及以上冲击危险区域高强主动支护

在托顶煤掘进过程中使用 $\phi22$ mm、$L=2\,400$ mm、屈服强度为 500 MPa 的左旋螺纹钢高强锚杆,并使用 $\phi21.8$ mm(1×19)的锚索配合 W 钢带对顶板进行加固。

7.4.5.2　帮锚索支护技术

对于倾斜煤层巷道的上帮侧,由于巷道高度大,仅采用锚杆支护很难抵御高强度动载的影响。在张双楼煤矿推广使用帮锚索支护技术,大大提高了倾斜煤层巷道的抗冲击能力。该技术的具体施工方法为以仰角 45° 施工帮部锚索,锚入坚固顶板,配合吊梁加强支护。巷道支护断面如图 7-12、图 7-13 所示。

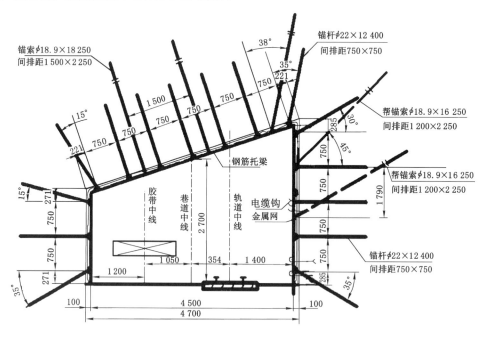

图 7-12　巷帮锚索加强支护图

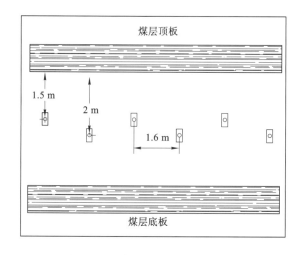

图 7-13　巷帮锚索加强支护断面图

同时,在张双楼煤矿 74101 工作面还试验应用了抗冲击恒阻锚索,在保证一定支护强度的同时增加了锚索延伸量,可有效减弱或消除冲击地压灾害,控制软岩巷道大变形。

7.4.5.3 锚杆防崩安全卡圈

针对冲击/矿震发生时,锚杆发生断锚,锚杆丝头飞崩伤人的情况,发明了锚杆防崩安全卡圈,如图 7-14 所示。该安全卡圈为一个底部带有圆环形的套圈,其两侧向斜上方延伸,形成末端带有挂钩的支臂,安全卡圈的圆形套圈与锚杆丝头配合,安全卡圈两侧的挂钩钩挂在钢丝网上,安全卡圈上的套圈会紧紧地拖住锚杆丝头,使断裂的锚杆丝头不会崩飞伤人,结构简单。该安全卡圈已经获得发明专利。

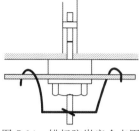

图 7-14 锚杆防崩安全卡圈

7.5 千米深井断层带爆破防冲技术

断层附近的冲击地压是人为开采活动形成的顶板和断层煤柱,与自然存在的断层组成三对象,在静载应力场变化和动载应力波作用下,三对象相互影响和促进,最终导致断层的滑移和煤柱的瞬间失稳破坏而造成的。因此,断层冲击地压的防治也主要从三对象和动静载两效应着手。

断层冲击地压的防治主要从降低煤柱静载和弱化断层超低摩擦效应两大方面来降低断层冲击地压发生的可能性,也就是降低煤柱积聚弹性变形能的能力和切断或弱化断层冲击地压三对象之间的关系。

降低煤柱静载措施包括:① 松动破碎煤体,降低煤体冲击倾向性、抗压强度和积聚能量的能力,使发生冲击的临界应力升高,如大直径钻孔卸压、煤体爆破、煤层高静压注水软化或压裂等;② 预裂顶板促使砌体梁结构回转失稳,或者使岩块断裂长度减小,促使滑落失稳,且降低顶板载荷,如顶板深孔爆破、定向水力致裂等;③ 充填采空区,减小块体回转下沉;④ 巷道错层位布置,使其围岩处于低应力区;⑤ 采用工作面斜交过断层,避免煤柱宽度整体性减小。

弱化断层超低摩擦效应措施包括:① 控制工作面推进速度,降低开采活动产生的动载对断层的扰动;② 弱化顶板和煤体,降低顶板破断和煤体破坏时释放的动载能量,如大直径钻孔卸压、煤体爆破、煤层高静压注水软化或压裂、顶板深孔爆破、定向水力致裂、切顶巷等;③ 在断层与采掘空间之间设置弱化带,通过增加震动波传播过程中的衰减系数来降低动载应力波对断层超低摩擦效应的触发作用,如大直径钻孔卸压、煤体爆破或注水、卸压巷等。

徐州矿区经过探索,开发了系统断层带爆破预裂释能技术,应用于张双楼煤矿取得显著效果。

7.5.1 断层区概况

张双楼煤矿 74101 工作面位于 $-1\,000\,$m 水平延伸采区东翼 7 煤。7 煤平均厚 3.68 m,倾角 23° 左右,煤层厚度和倾角均变化较小,赋存较为稳定;7 煤下方为 9 煤,两层煤之间为超过 20 m 细砂岩以及 2 m 左右的砂质泥岩。综合柱状图见图 7-15。

地层单位	柱状	序号	层厚/m	累厚/m	岩石名称	岩性描述
下二叠统山西组		7	12.76	61.01	砂质泥岩	灰黑色,致密性脆,块状构造,下部具滑面
		8	4.22	65.23	细砂岩	灰白色,成分以石英、长石为主,水平层理,含菱铁质及云母碎片,泥质胶结
		9	11.25	76.48	砂质泥岩	深灰色,块状,下部含砂较多,致密性脆
		10	4.68	81.16	中砂岩	灰色夹灰白色,中粒结构,石英为主,长石风化,含白云母及暗色矿物,裂隙发育,分选较好,方解石脉充填
		11	4.01	85.17	砂质泥岩	灰黑色,砂泥质,断口平坦,性脆致密,含植物化石,局部含砂量较高
		12	2.11	87.28	细砂岩	深灰色夹灰白色,细粒,以石英、长石为主,含白云母及暗色矿物,局部粒度变粗,分选较好,泥质胶结
		13	3.58	90.86	砂质泥岩	深灰色,致密块状,含大量植物化石及黄铁矿薄膜
		14	2.50	93.36	细砂岩	灰白色,成分以石英、长石为主,含暗色矿物,上部钙质胶结,下部泥质胶结
		15	1.98	95.34	泥岩	灰黑色,致密性脆,遇到水容易膨胀,含植物化石
		16	3.37	98.71	细砂岩	灰~灰白色,成分以石英、长石为主,含较多暗色矿物,泥质胶结,水平层理。局部地段为煤层直接顶
		17	4.62	103.33	泥岩	灰黑色,致密性脆,遇到水容易膨胀,含植物化石
		18	3.68	107.01	7煤	黑色,呈油脂光泽或暗淡光泽,鳞片状及厚薄不等的条带状构造,条痕黑褐色,参差状断口,内生裂隙发育,性脆易碎,局部泥岩夹矸发育,厚约0.2 m
		19	2.03	109.04	砂质泥岩	深灰色,块状,致密,性脆,含植物化石,砂泥质胶结
		20	24.33	133.37	细砂岩	灰白色,成分以石英、长石为主,含较多暗色矿物,泥质胶结,水平层理
		21	3.40	136.77	9煤	黑色,块状,半亮型,沥青光泽,贝壳状断口
		22	2.95	139.72	泥岩	灰黑色,泥质,局部为炭泥质,含植物化石、炭屑,断口平坦
		23	5.30	145.02	细砂岩	灰黑色,粉砂质,石英、长石为主,夹灰白色细粒砂岩薄层,分选好,斜层理发育,泥质胶结

图 7-15 —1 000 m水平延伸采区东翼综合柱状图

74101工作面埋深在1 000 m左右,工作面水平方向投影宽度为173 m。74101工作面南侧为7123、7121和7119工作面采空区,9煤层为9121工作面采空区,9煤采空区与74101工作面水平距离大于50 m。74101工作面含有F₅、F₆断层区,F₂、F₇、F₈、F₉、F₁₀断层加火成岩侵入区,顶板砂岩段,以及隐伏构造区,工程平面图如图7-16所示。

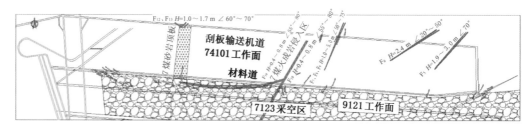

图 7-16 74101工作面采掘工程平面图

7.5.2 断层区防冲案例一（F₆断层）

7.5.2.1 F₆断层危险性分析

74101工作面自2016年8月26日开始回采,截至2016年12月1日,已回采进尺上巷为226 m、下巷为213.8 m,工作面回采以来3个月的震动事件分布如图7-17和图7-18所示。

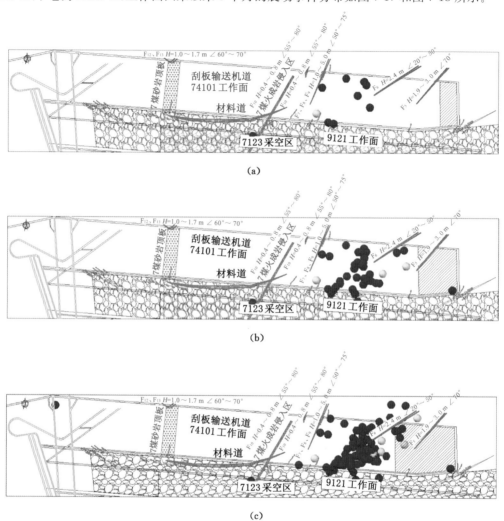

图7-17 2016年8月26日至2016年12月1日工作面回采期间能量大于$5×10^3$ J的震源平面投影
（填充部分为对应月份的回采区域）
(a)9月;(b)9、10月;(c)9、10、11月

9月工作面回采进尺在60 m左右,矿震主要集中在300 m以外的F₆断层附近,震动数量仅为9次;随着工作面向前推移,10月时震动数量急速增加至48次,但是震动事件仍然远离回采区域,位于回采区域前方的F₆断层附近;11月回采过程中,震源数量再次大量增加,达到117次,位置仍然位于F₆断层附近。震源能量的演化特征反映出,74101工作面的F₆断层对冲击地压的形成具有重要的影响,需要采取专门的防治措施,以保证

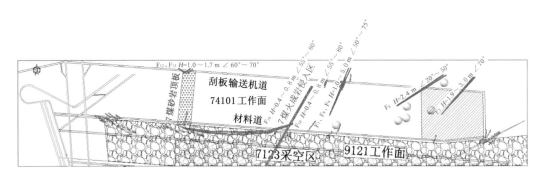

图 7-18　2016 年 8 月 26 日至 2016 年 12 月 1 日工作面回采期间能量大于 1×10^4 J 的震源平面投影
（填充部分为对应月份的回采区域）

工作面的安全回采。图 7-18 中的 9 月、10 月、11 月 3 个月内的能量大于 1×10^4 J 的震源位置也主要位于 F_5、F_6 断层的中间区域，再次验证了 F_6 断层对安全生产的重要影响。

7.5.2.2　F_6 断层区防冲措施

74101 工作面 F_6 断层区回采防冲方案如图 7-19 所示。

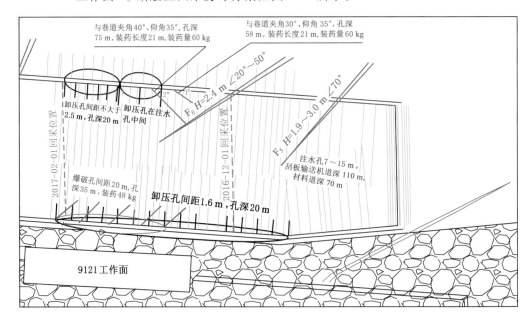

图 7-19　74101 工作面 F_6 断层区回采防冲方案

（1）煤层注水：74101 工作面材料道注水孔深度为 70～80 m，刮板输送机道上帮注水孔深度为 110 m；刮板输送机道下帮开始增加注水孔，孔深 30 m，间距不大于 15 m。

（2）卸压孔：在刮板输送机道上帮两注水孔之间施工一个卸压孔，孔深 20 m。又调整为在两注水孔之间施工卸压孔，间距不大于 2.5 m，孔深 20 m。

（3）顶板爆破孔：在 74101 材料道回采进尺点 280 m 位置开始施工顶板爆破孔，钻孔直径 90 mm，钻孔间距 20 m，仰角 30°，倾角 45°，偏向工作面回采方向，钻孔深度 35 m，装药量 48 kg,封孔长度 12 m。

　　(4)断层预裂爆破孔 2 个,具体方案如下:① 1# 爆破孔开孔位于进尺 285 m 处,爆破孔施工在刮板输送机道顶板距上帮 0.5～1 m 位置。与巷道夹角 30°(朝向采空区)、仰角 35°,孔深 58 m,孔径 90 mm,装药长度 21 m,装药量 60 kg,封孔长度 21 m。② 2# 爆破孔开孔位于进尺 315 m 处,爆破孔施工在刮板输送机道顶板距上帮 0.5～1 m 位置。与巷道夹角 40°(朝向采空区)、仰角 35°,孔深 75 m、孔径 90 mm,装药长度 21 m,装药量 60 kg,封孔长度 26 m。

7.5.2.3　F₆ 断层防治效果

　　2016 年 12 月 1 日至 2017 年 2 月 1 日为 74101 工作面过 F₆ 断层区域的时间段;此段时间回采的区域为 74101 工作面距离迎头上巷 226～428.2 m、下巷 213.8～429.2 m。过 F₆ 断层影响区 2 个月内的震动事件分布如图 7-20 所示。

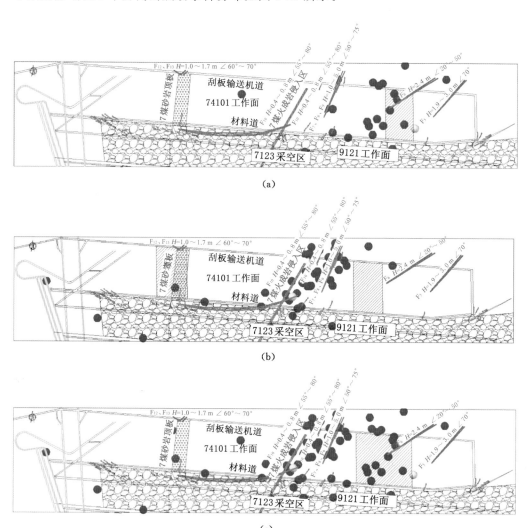

图 7-20　过 F₆ 断层期间能量大于 5×10³ J 的震源平面投影

(填充部分为对应月份的回采区域)

(a) 2016 年 12 月;(b) 2017 年 1 月;(c) 2016 年 12 月和 2017 年 1 月

由图 7-20 可见,2016 年 12 月工作面回采进尺在 100 m 左右,矿震总频次为 31 次,相较于 11 月有显著降低,且震动事件处于分散状态分布,反映出 F_6 断层区冲击危险性下降。2017 年 1 月进尺为 105 m 左右,矿震总频次为 65 次,震动频次明显增加,但是震动事件开始主要集中在 F_2、$F_7 \sim F_{10}$ 断层区域,在 F_6 断层区附近震动事件分布较少。从 2016 年 12 月和 2017 年 1 月矿震特征可看出,采取 F_6 断层的针对性防治措施后,F_6 断层区域的震动显著下降,安全性大大提高。

7.5.3 断层区防冲案例二(F_2、$F_7 \sim F_{10}$ 断层区)

7.5.3.1 F_2、$F_7 \sim F_{10}$ 断层区危险性分析

7.5.3.1.1 震动特征分析

2016 年 12 月 1 日至 2017 年 3 月 1 日为 74101 工作面进入 F_2、$F_7 \sim F_{10}$ 断层区前的时间段;此段时间回采的区域为 74101 工作面距离迎头上巷 226 ~ 519.1 m、下巷 213.8 ~ 523.1 m。进入 F_2、$F_7 \sim F_{10}$ 断层区前的 3 个月内的震动事件分布如图 7-21 和图 7-22 所示。

由图可见,2016 年 12 月工作面回采进尺在 100 m 左右,矿震总频次为 31 次,震动事件较为分散,此时 F_2、$F_7 \sim F_{10}$ 断层区并未表现出对工作面回采产生多大影响;2017 年 1 月工作面回采进尺在 100 m 左右,矿震总频次为 65 次,大量的震动事件位于超前回采区域的 F_2、$F_7 \sim F_{10}$ 断层区,反映出 F_2、$F_7 \sim F_{10}$ 断层区开始提前较大范围对工作面产生影响;2017 年 2 月工作面回采进尺在 95 m 左右,矿震总频次为 133 次,相较于前两次增加更为显著,震动事件几乎全部位于超前回采区域的 F_2、$F_7 \sim F_{10}$ 断层区,F_2、$F_7 \sim F_{10}$ 断层区对工作面生产的影响更为显著。从 2016 年 12 月至 2017 年 2 月的整体状况看,3 个月回采期间的矿震主要集中在 F_2、$F_7 \sim F_{10}$ 断层区;从图 7-22 能量大于 1×10^4 J 的震源分布特征看,事件全部位于 F_2、$F_7 \sim F_{10}$ 断层区,再次验证了断层区对冲击的影响,需要对此断层区采取针对性的防治措施才能够保证安全生产。

7.5.3.1.2 震动波 CT 反演分析

图 7-23 为进入 F_2、$F_7 \sim F_{10}$ 断层区前经波速 CT 反演得到的波速梯度图和波速图。从图可以看出,高波速梯度区和高波速区主要分布在工作面前方 F_2、$F_7 \sim F_{10}$ 断层区,尤其在 F_2 与 $F_7 \sim F_{10}$ 断层中间位置,波速梯度和波速最大,冲击危险性最高。波速 CT 反演结果证明了 F_2、$F_7 \sim F_{10}$ 断层区冲击危险性高。

7.5.3.1.3 震动变形分析

在 2017 年 2 月接近 F_2、$F_7 \sim F_{10}$ 断层区回采时,发生了两次震动引起的巷道小变形问题,说明接近断层区,巷道围岩应力已经处于极限状态,在受到工作面回采等外界扰动作用时,易引发冲击破坏。除了断层的影响作用外,靠近 7123 工作面采空区侧的顶板形成悬臂未切断,受本工作面基本顶来压带动 7123 工作面采空区顶板活动,造成大能量信号发生。两次震动变形的描述具体如下:

2017 年 2 月 4 日 16:53:15,74101 工作面超前区内发生 1 个能量为 8.12×10^4 J 超过预警值的微震信号。震源位置为 X:39 486 343 m,Y:3 854 387.38 m,Z:-1 093.77 m。震源位置:平面位置在材料道超前区,距工作面 72 m,距材料道约 3 m。现场情况:现场有煤炮声,巷道掉渣。上出口向外 30 m 范围底鼓 100 mm;两帮无变化,无断锚现象。

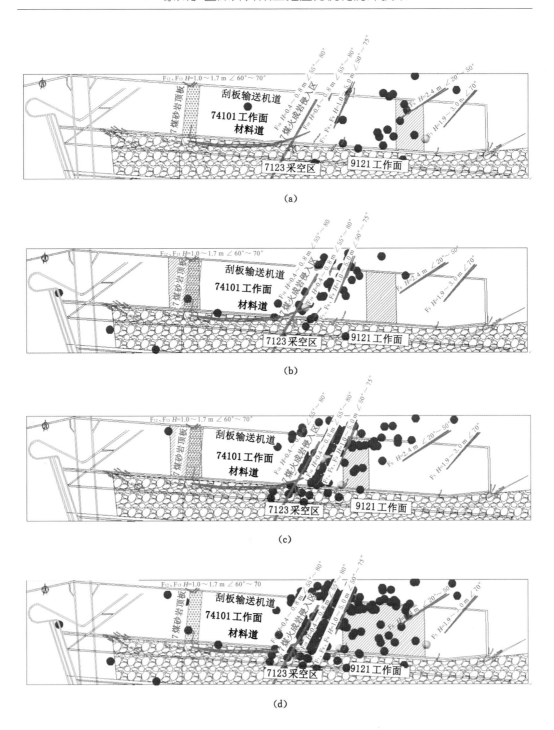

图 7-21 2016 年 12 月至 2017 年 2 月回采期间能量大于 5×10^3 J 的震源平面投影

（填充部分为对应月份的回采区域）

(a) 2016 年 12 月；(b) 2017 年 1 月；(c) 2017 年 2 月；(d) 2016 年 12 月至 2017 年 2 月

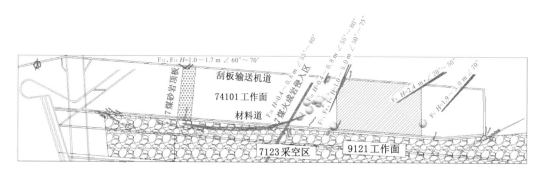

图 7-22 2016 年 12 月至 2017 年 2 月回采期间能量大于 1×10^4 J 的震源平面投影

(填充部分为对应月份的回采区域)

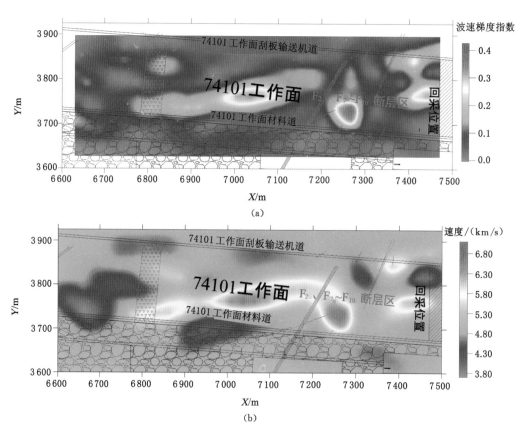

图 7-23 74101 工作面进入 F_2、$F_7 \sim F_{10}$ 断层区前 CT 反演图

(a) 波速梯度图;(b) 波速图

2017 年 2 月 12 日 19:42:51,74101 工作面超前区内发生 1 个能量为 2.02×10^5 J 超过预警值的微震信号。震源坐标为 X:39 486 277.23 m,Y:3 854 433.2 m,Z:-989.64 m。震源位置:平面位置在材料道超前区,距工作面 103 m,距材料道约 44.5 m。现场情况:现场有较大的震动,底板有轻微震感。材料道上出口向外 15 m 范围底鼓约 100 mm。

7.5.3.2　F$_2$、F$_7$～F$_{10}$断层区防冲措施

74101工作面过F$_2$、F$_7$～F$_{10}$断层区回采防冲方案如图7-24所示。

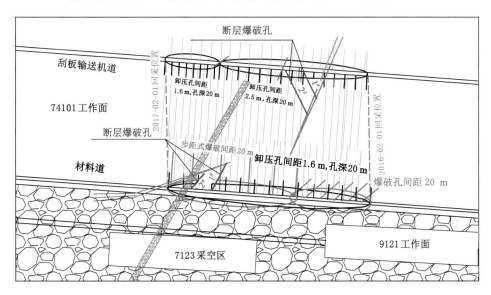

图7-24　74101工作面过F$_2$、F$_7$～F$_{10}$断层区回采防冲方案

（1）煤层注水：74101工作面材料道注水孔深度为80 m,刮板输送机道上帮注水孔深度为110 m;刮板输送机道下帮开始增加注水孔,孔深30 m,间距不大于15 m。

（2）卸压孔：在刮板输送机道上帮两注水孔之间施工一个卸压孔,孔深20 m,间距根据危险性设置为1.6 m和2.5 m;在材料道下帮两注水孔之间施工卸压孔,孔深20 m,间距设置为1.6 m。

（3）步距式顶板爆破孔：每3个爆破孔为一组,孔间距0.5～1 m,沿材料道低帮向工作面每20 m施工一组。1$^\#$爆破孔孔深50 m,垂直巷帮,与水平夹角5°,孔径90 mm;装药长度17.4 m,装药量49.88 kg(58块)。2$^\#$爆破孔孔深45 m,垂直巷帮,与水平夹角20°,孔径90 mm;装药长度15.6 m,装药量44.72 kg(52块)。3$^\#$爆破孔孔深40 m,垂直巷帮,与水平夹角35°,孔径90 mm;装药长度13.8 m,装药量39.56 kg(46块),如图7-25所示。

（4）断层顶板预裂爆破：

① 材料道：1$^\#$爆破孔开孔位于回采进尺点650 m,与巷道中线夹角65°（朝向采空区）、仰角7°、孔深36 m、孔径90 mm,装药量55.9 kg(65块),装药长度19.5 m,封孔长度不小于13 m;2$^\#$爆破孔开孔位置距1$^\#$孔25～30 m,与巷道中线夹角52°（朝向采空区）、仰角13°、孔深30 m、孔径90 mm,装药量43 kg(50块),装药长度15 m,封孔长度不小于11 m。

② 刮板输送机道：1$^\#$爆破孔开孔位于回采进尺点520 m,与巷道中线夹角60°（朝向采空区）、仰角35°、孔深37 m、孔径90 mm;装药量55.9 kg(65块),装药长度19.5 m,封孔长度不小于13 m;2$^\#$爆破孔开孔位置距1$^\#$孔15 m,与巷道中线夹角60°（朝向采空区）、仰角36°、孔深60 m、孔径90 mm,装药量89.44 kg(104块),装药长度31.2 m,封孔长度不小于21 m。

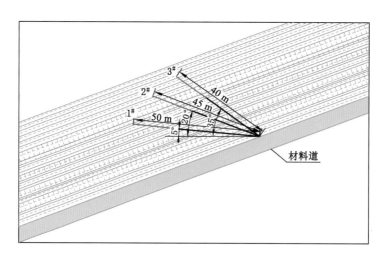

图 7-25　每组顶板爆破孔示意图

7.5.3.3　F_2、F_7～F_{10} 断层区防治效果

7.5.3.3.1　震动特征分析

74101 工作面自 2017 年 3 月 1 日至 2017 年 5 月 1 日为在 F_2、F_7～F_{10} 断层区回采的时间段；此段时间回采的区域为 74101 工作面距离迎头上巷 519.1～712.6 m、下巷 523.1～715.4 m。过 F_2、F_7～F_{10} 断层区期间的震动事件分布如图 7-26 和图 7-27 所示。

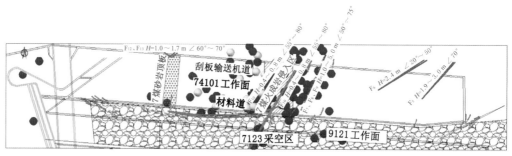

图 7-26　2017 年 3 月和 2017 年 4 月回采期间能量大于 5×10^3 J 的震源平面投影
（填充部分为对应月份的回采区域）
（a）2017 年 3 月；（b）2017 年 4 月

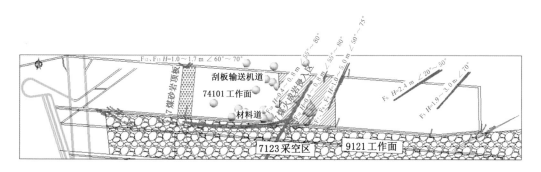

图 7-27　2017 年 3 月和 2017 年 4 月回采期间能量大于 $1×10^4$ J 的震源平面投影

（填充部分为对应月份的回采区域）

2017 年 3 月工作面回采进尺在 90 m 左右，矿震总频次为 136 次，震动事件相较于进入断层区前的 2 月 133 次没有明显的增加，说明采取的防治措施对于保障 F_2、$F_7 \sim F_{10}$ 断层区安全生产起到很好的效果；2017 年 4 月工作面回采进尺在 105 m 左右，矿震总频次为 123 次，震动事件略有下降，震动事件开始向 F_2、$F_7 \sim F_{10}$ 断层超前区域分散，离散度显著大于进入断层区前的 2 月，反映出 F_2、$F_7 \sim F_{10}$ 断层区的冲击危险性有所降低；从 2017 年 3 月至 2017 年 4 月的整体状况看，过 F_2、$F_7 \sim F_{10}$ 断层区时的能量大于 $1×10^4$ J 震动事件总共 36 个，并未全部集中在断层区域，而是在工作面前方未回采区域也有大量的分布，从震动分布特征再次说明了防治措施的有效性。

7.5.3.3.2　震动变形分析

过 F_2、$F_7 \sim F_{10}$ 断层区期间并未出现震动引起巷道变形的情况，从震动引起变形角度验证了防治措施的有效性。

7.6　巷道掘进"人造保护层"防冲技术

在巷道两帮顶板各布置一排顶板预裂爆破孔，孔深 50 m，同排间距 30 m，与巷道走向夹角 12°。上帮侧顶板爆破孔仰角 30°（±巷道上下山角度），下帮侧顶板爆破孔仰角 18°（±上下山角度）。开孔位于顶板上，距上帮 0.5～1 m 位置。单孔装药 60 kg，封孔长度不小于 17 m。先施工下帮顶板爆破孔，距下帮顶板爆破孔 15 m 再施工上帮顶板爆破孔。如图 7-28～图 7-30 所示。

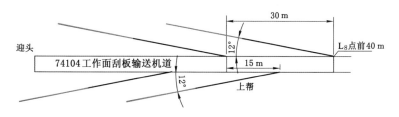

图 7-28　顶板爆破孔平面示意图

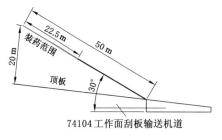

图 7-29　上帮侧顶板爆破孔剖面图

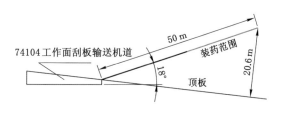

图 7-30　下帮侧顶板爆破孔剖面图

7.7　顶板定向高压水力致裂技术

该技术是利用专用的刀具,人为地在岩层中预先切割出一个定向裂缝,在较短的时间内注入高压水,使岩(煤)体沿定向裂缝扩展,从而实现坚硬顶板的定向分层或切断,弱化坚硬顶板岩层的强度、整体性以及厚度,释放部分弹性能,以达到降低冲击危险的目的。其优点为施工工艺简单,适用性强(不受瓦斯限制),对生产无影响,安全高效,对顶板型冲击地压的防治具有针对性,如图 7-31 所示。该技术在张双楼煤矿 93604 工作面试验应用,如图 7-32 所示。

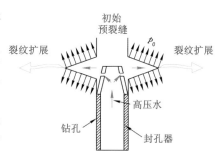

图 7-31　定向高压水力致裂原理图

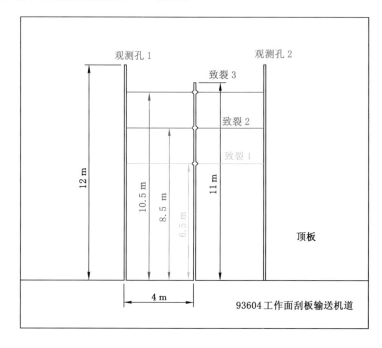

图 7-32　93604 工作面顶板定向水力致裂试验示意图

7.8　沿空巷道小孔密集爆破切顶护巷防冲技术

沿空掘巷在冲击地压和采动共同作用下,窄煤柱及顶板变形剧烈,难以支护,而冲击地压造成的承载结构瞬时失稳则加剧了支护体的破坏。因此,提出在工作面侧实施小孔密集爆破切顶护巷技术,原理如图 7-33 所示。该技术在张双楼煤矿 92606 工作面和92608 工作面成功应用,效果显著,如图 7-34、图 7-35 所示。

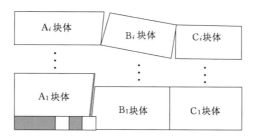

图 7-33　沿空巷道小孔密集爆破切顶护巷防冲技术原理

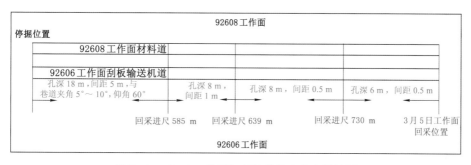

图 7-34　92606 工作面切顶护巷技术方案设计图

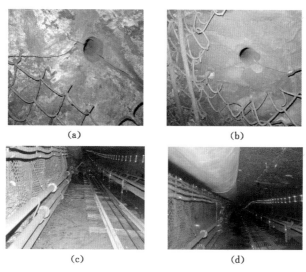

图 7-35　92606 工作面切顶护巷技术实施效果图

7.9 本章小结

（1）本章在冲击地压防治的强度弱化减冲理论基础上，考虑徐州矿区千米深井冲击地压特点与控制因素，建立了徐州矿区千米深井冲击地压危险防治体系与卸压解危技术体系。

（2）提出了深部冲击地压矿井区域应力场优化防冲技术。针对千米深井冲击特点，改变原有以监测治理为主的解危防冲思路，研究区域应力场超前预调控、消除或减弱冲击危险的防冲新思路，提出了"三维应力场优化防冲技术"，实现了超前性、全区域的"灾源消除"。

（3）开发了巷道掘进"人造保护层"技术、超深孔大直径钻孔卸压技术、断层构造的深孔爆破释能技术、巷道加强支护防冲技术、顶板定向高压水力致裂技术、沿空巷道小孔密集爆破切顶护巷技术等，在徐州矿区应用效果显著。

8 徐州矿区深井冲击地压管理体系

8.1 冲击地压防治管理体系

随着我国煤矿开采深度的不断增加,越来越多的矿井出现了灾害性冲击地压等动力灾害事故,造成了严重的人员伤亡和财产损失,严重影响了我国煤炭行业的国际形象,煤矿动力灾害的监测预报和治理已经成为我国煤炭工业能否健康发展的关键课题,实现煤矿安全保障从"被动应付型"向"主动保障型"的转变是冲击地压矿井必须面对的课题。冲击地压是一种灾害,其精确预测虽然目前难以实现,但是控制冲击地压造成的灾害后果则可以通过科学高效的管理来实现。冲击地压矿井安全状况时刻受到社会各方面的高度关注,冲击地压安全管理已成为企业核心竞争力和生存之本,科学高效的管理制度与体系才能保证冲击地压矿井"零冲击"目标的实现。

《防治煤矿冲击地压细则》第十八条规定:"有冲击地压矿井的煤矿企业必须明确分管冲击地压防治工作的负责人及业务主管部门,配备相关的业务管理人员。冲击地压矿井必须明确分管冲击地压防治工作的负责人,设立专门的防冲机构,并配备专业防冲技术人员与施工队伍,防冲队伍人数必须满足矿井防冲工作的需要,建立防冲监测系统,配备防冲装备,完善安全设施和管理制度,加强现场管理。"

根据《煤矿安全规程》《防治煤矿冲击地压细则》《关于加强煤矿冲击地压源头治理的通知》《关于加强煤矿冲击地压防治工作的通知》《煤矿冲击地压防治监管监察指导手册(试行)》等防冲文件要求,结合矿井实际,徐州矿区各矿井建立了完善的防冲安全生产管理体系,明确了矿长是冲击地压防治工作的第一责任人,对防治工作全面负责;总工程师是矿井冲击地压防治工作的技术负责人,对防治技术工作负责;防冲副矿长具体分管防冲工作,对防冲工作负总责;安全副矿长监督防冲工作的落实;生产副矿长、机电副矿长、经营副矿长配合防冲副矿长开展防冲工作,对分管范围内的防冲工作负责;防冲副总工程师对防冲技术工作负直接领导责任;其他副总工程师根据各自职责对分管范围内的防冲工作负责。成立了防冲管理科和防冲钻机队,负责矿井防冲方案的制订与实施。

基于以上文件要求,徐州矿区各矿井结合生产技术特点与管理体系,建立了深井冲击地压管理制度,现以张双楼煤矿为例,介绍深井冲击地压管理规定。

为进一步规范矿井冲击地压防治工作,明确责任,强化职能,突出现场管理,实现防冲管理的科学化、规范化,结合矿井实际,2021 年 4 月,张双楼煤矿重新修订下发了《张双楼煤矿防治冲击地压管理规定》(张煤矿〔2021〕54 号),建立健全了"零冲击"目标管理制度、岗位安全责任制度、技术管理制度、教育培训制度、区域与局部监测制度、实时预警制度,处置调度制度,处理结果反馈制度,事故(事件)报告制度,冲击危险区域人员准入和限员管理制度,监测系统维护管理制度,危险区域排查制度,安全投入保障制度,分析制度,检查、验收制度,冲击危险区域物料、设备管理制度,安全防护制度,生产组织通知单制度,方案设计与实施管理制度,隐患排查制度,风险评估管理制度,工程质量管控制度,防冲机具管理制度,冲击地压防治激励机制,考核制度等,如图 8-1 所示。

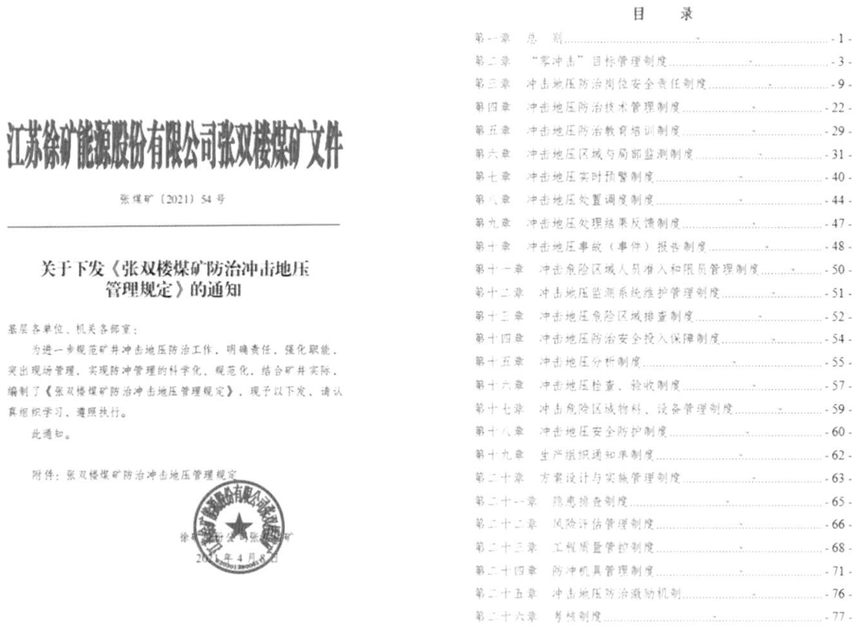

江苏徐矿能源股份有限公司张双楼煤矿文件

张煤矿〔2021〕54 号

关于下发《张双楼煤矿防治冲击地压管理规定》的通知

基层各单位、机关各部室:

为进一步规范矿井冲击地压防治工作,明确责任,强化职能,突出现场管理,实现防冲管理的科学化、规范化,结合矿井实际,编制了《张双楼煤矿防治冲击地压管理规定》,现予以下发,请认真组织学习、遵照执行。

此通知。

附件:张双楼煤矿防治冲击地压管理规定

徐矿能源股份公司张双楼煤矿

2021 年 4 月 8 日

目　录

图 8-1　张双楼煤矿防治冲击地压管理规定

8.2　防冲技术管理体系

矿井建立了完善的防冲技术管理体系,配齐了各级防冲技术管理人员,明确了各项防冲技术工作。

(1) 技术管理体系:建立以总工程师为组长的防冲技术管理体系,副组长为防冲副总工程师,成员包括防冲管理科、防冲钻机队、生产调度指挥中心、安全监察部、技术中心、地质测量科、综采工区、掘进工区、综采准备工区、通风工区等单位科区长及技术主管。

(2) 防冲评价、设计编制及审批:开采冲击地压煤层前,由防冲管理科编制采、掘、修、护工作面冲击危险性评价报告及防冲设计,由总工程师组织地质、设计、采、掘、机电等相关专业副总、科室专业人员进行会审、签字,最后经矿长签字同意后报集团公司技术负责人审批,并由集团公司批复后实施。

(3) 规程、措施编制及审批:工作面在进行采掘活动前,根据冲击地压危险性评价及防冲设计,由工区编制防冲综合措施,由防冲、生产、安监分管专业技术主管及防冲副总工程师、总工程师进行签字审批,通过层层把关,确保措施的针对性、可操作性。

（4）强化现场措施落实：现场瓦安员负责监督措施执行情况，区队安全质量管理员负责记录各类防冲钻孔的施工情况，现场管理人员、瓦安员、安全质量管理员、施工负责人进行签字确认，施工单位技术主管以上管理干部对本单位施工的钻孔进行抽查验收，防冲管理科对重点区域进行跟班、指导、验收，总工程师、矿长每月到现场检查各项防冲措施的落实情况。

张双楼煤矿完善了防冲管理机构，加强了防冲管理力量，提升了专业队伍素质，充足了防冲作业人员数量，健全了各项管理制度，在机构、队伍、制度上符合《煤矿安全规程》《防治煤矿冲击地压细则》的要求。

矿井严格执行《煤矿安全规程》《防治煤矿冲击地压细则》等文件要求，始终坚持"区域先行、局部跟进、分区管理、分类治理"的防冲原则，建立了符合张双楼煤矿实际条件的防冲技术体系，主要包括区域防治技术、超前区域灾源消除技术、超前预卸压技术等，如图8-2所示。

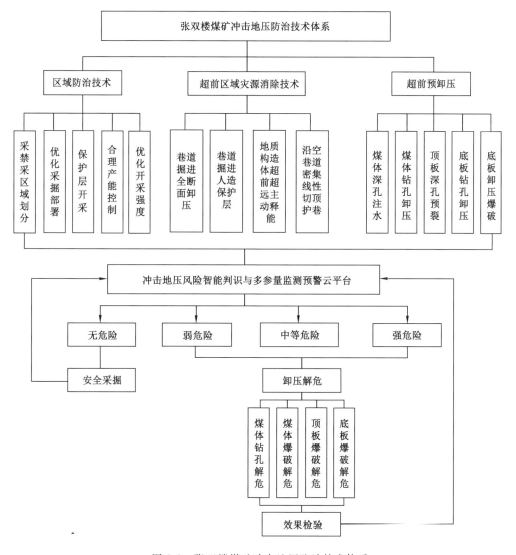

图 8-2　张双楼煤矿冲击地压防治技术体系

8.3 《张双楼煤矿防治冲击地压管理规定》

第一章 总 则

第1条 为提升矿井冲击地压防治能力,杜绝矿井冲击地压事故,保障职工生命安全,根据《煤矿安全规程》、《防治煤矿冲击地压细则》、《国家煤矿安监局关于加强煤矿冲击地压防治工作的通知》(煤安监技装〔2019〕21号)、《国家矿山安全监察局关于进一步加强煤矿冲击地压防治工作的通知》(矿安〔2020〕1号)、《徐州矿务集团有限公司防治煤矿冲击地压管理规定(试行)》(徐矿〔2020〕46号)等法律、法规、规章、规范性文件和相关标准,结合矿井实际情况,编制了《张双楼煤矿防治冲击地压管理规定》(以下简称《规定》)。

第2条 本规定所指冲击地压是指煤矿井巷或工作面周围煤(岩)体由于弹性变形能的瞬时释放而产生的突然、剧烈破坏的动力现象,常伴有煤(岩)体瞬间位移、抛出、巨响及气浪等。

在矿井井田范围内发生过冲击地压现象的煤层,或者经鉴定煤层(或者其顶底板岩层)具有冲击倾向性且评价具有冲击危险性的煤层为冲击地压煤层。有冲击地压煤层的矿井为冲击地压矿井(以下简称"矿井")。

煤层(或者其顶底板岩层)具有强冲击倾向性且评价具有强冲击危险的,为严重冲击地压煤层。开采严重冲击地压煤层的矿井为严重冲击地压矿井。

第3条 矿井冲击地压防治应当坚持"区域先行、局部跟进、分区管理、分类防治"的原则。冲击地压防治采取冲击危险性预测、监测预警、防范治理、效果检验、安全防护等综合性防治措施;严格执行"防冲指标超限不生产、防冲措施不落实不生产、防冲效果检验不合格不生产"的工作制度,做到系统可靠、预警有效、措施落实、监管到位。

第4条 冲击地压防治工作的基本程序:冲击倾向性鉴定→区域防治措施→冲击危险预测预报→监测预警→局部防治措施→效果检验。

第5条 矿井年度安全费用计划需要将防冲费用单项列支,满足冲击地压防治工作需要。

第6条 在编制矿井水平、采区、工作面生产接续计划时,必须同时安排冲击地压防治工作计划。

第7条 本规定适用全矿采、掘、巷修、拆除(安装)工作面及井下所有生产作业区域。

第二章 "零冲击"目标管理制度

第8条 为认真落实《国家矿山安全监察局关于进一步加强煤矿冲击地压防治工作的通知》(矿安〔2020〕1号)精神,加强我矿冲击地压防治管理,消除冲击地压危害,以实现"零冲击"为目标,结合矿井实际,制定本制度。

第9条 矿井防冲工作必须树立灾害超前防治理念,强化无人员伤亡、无巷道破坏、无设备损坏的"零冲击"目标,为矿井安全生产提供有力保障。

第10条 冲击地压防治工作应当贯彻落实"安全第一、预防为主、综合治理"的安全生产方针,坚持"区域先行、局部跟进、分区管理、分类防治"的原则,突出源头治理,强化科技支撑,严格现场落实,实行"一矿一策、一面一策",不断提升冲击地压防治效能,为矿井安全高效生产提供保障。

第 11 条　矿井要建立健全冲击地压防治岗位安全责任制度,冲击地压防治技术管理制度,冲击地压防治教育培训制度,冲击地压事故(事件)报告制度,冲击地压实时预警、处置调度及处理结果反馈制度,冲击地压分析制度,冲击危险区域人员准入和限员管理制度,区域与局部相结合的冲击危险性监测制度,冲击地压防治工程施工验收制度,生产组织通知单制度,冲击地压监测设备安装管理维护制度等,并根据有关要求,结合矿井实际情况及时修订完善。

第 12 条　矿井建立安全责任管理体系,严格落实矿长、总工程师、防冲副矿长、安全副矿长等领导职责,保障冲击地压防治所需的人、财、物,从源头上降低冲击危险程度,确保冲击地压防治措施落实到位,为冲击地压防治提供有利条件。

第 13 条　加强监测预警和综合防冲措施落实的现场管理,按照"区域措施先行、局部措施跟进,出现预兆预警、采取解危措施,出现动力现象、强化解危措施,存在事故风险、不得采掘作业"的要求,确保有效措施落实到位。

第 14 条　冲击地压矿井应当定期开展冲击地压风险评估和隐患排查,建立风险评估、方案设计与实施、工程质量管控、隐患排查等管理制度,明确冲击地压防治方案设计(改进)、实施(执行)、检查(验收)和组织(协调)的主体责任,并严格考核落实。

第 15 条　必须严格按照相关规定优化矿井生产布局,最大限度避免采动影响造成应力集中;制定矿井冲击地压防治中长期规划,合理规划采掘时空关系,避免人为造成应力叠加。针对大采深、厚层坚硬顶板、地质构造等关键影响因素,在优化采掘布局从源头防范冲击地压的基础上,结合现场实际情况制定有针对性的专项防冲措施,切实落实好"区域先行、局部跟进"的防冲原则。

第 16 条　矿井必须建立区域与局部相结合的冲击危险性监测体系。

1. 制定冲击地压监测管理制度。区域监测覆盖矿井采掘区域,局部监测应当覆盖冲击地压危险区。区域监测可采用微震监测,局部监测可采用钻屑法、矿压监测、煤岩应力在线监测、地音监测、CT 探测等。监测人员必须每天对冲击地压危险区域的监测数据、生产条件等进行综合分析,判定冲击地压危险程度。

2. 制定冲击地压实时预警、处置调度及处理结果反馈制度。根据各预警临界指标值,防冲管理科每天对监测数据进行分析,通过预警指标及指标值判定标准,综合分析有冲击地压危险时进行预警,按照预警响应措施进行处置。

第 17 条　按照防冲措施落实相关制度,确保措施落实到位。

1. 根据冲击危险性评价、冲击危险监测结果和现场实际情况,合理确定采掘工作面推进速度。严格制定并落实生产组织通知单制度,严禁超通知单能力组织生产。

2. 矿井必须按照审批后的冲击危险评价报告和防冲设计实施预卸压工程。采煤工作面预卸压措施应当在采动影响区之外完成,且距离工作面不小于 300 m。掘进工作面预卸压措施应当根据冲击地压危险等级,按照相关要求执行。预卸压措施未按要求施工完成的,工作面不得进行采掘活动。

3. 经评价具有弱冲击及以上冲击危险采掘工作面,生产期间采取煤层钻孔、煤层注水、煤层爆破、顶板预裂爆破、高压水力致裂等至少一种治理措施,治理效果经校验无冲击危险后方可生产。

4. 采用煤层钻孔进行卸压、解危的,必须制定防止打钻诱发冲击伤人的安全防护措施。冲击地压危险区实施解危措施后,必须对解危效果进行检验,检验结果小于临界值,确认危险解除后方可恢复正常作业。

5. 各级技术、管理人员严格落实防冲钻孔验收制度,对验收结果负责;防冲管理科建立各类防冲钻孔施工台账,并上图管理,保证防冲过程可追溯。

6. 冲击地压危险区域巷道扩修时,必须制定专门的防冲措施,严禁多点作业,采动影响区域内严禁巷道扩修与回采平行作业。

第 18 条 严格落实安全防护措施,规范作业现场安全管理,提升防冲安全管理水平,确保安全生产。

1. 严格执行冲击地压危险区人员准入制度,明确规定人员进入的时间、区域和人数,井下现场设立管理站。

2. 进入中等及以上冲击地压危险区域的人员必须采取穿戴防冲服等特殊的个体防护措施,对人体胸部、腹部、头部等主要部位加强保护。

3. 矿井应当坚持"少人则安、无人则安"原则,合理规划生产组织,最大限度减少进入冲击危险区人数。具有冲击危险的采煤工作面生产期间,两道超前 150 m 范围内严禁非必要人员逗留。

4. 采掘工作面实施解危措施时(含预卸压措施),必须撤出与防冲措施施工无关的人员。撤离距离应当在安全技术措施中明确规定,撤离解危地点的最小距离:强冲击危险区域不得小于 300 m,中等冲击危险区域不得小于 200 m,其他区域不得小于 100 m。

5. 有冲击地压危险的采掘工作面,应当使用远距离供电供液。经评价具有中等及以上冲击地压危险的采煤工作面,供电供液设备距离工作面不得小于 500 m,条件允许可将供电供液设备放至外围岩巷中。

6. 评价为强冲击地压危险的区域不得存放备用材料和设备,锚杆、锚索、U 型钢支架卡缆、螺栓等应当采取防崩措施,防止崩落伤人。冲击地压危险区域内的设备、管线、物品等应当采取固定措施,管路应当吊挂在巷道腰线以下,高于 1.2 m 的必须采取固定措施。

7. 必须对冲击地压危险区域采取加强支护措施,加大采煤工作面上下出口和巷道的超前支护范围与强度,支护采用单体液压支柱、垛式支架、自移式支架等,并优先采用液压支架。采用单体液压支柱加强支护时,必须采取防倒措施;煤巷掘进工作面后方具有中等及以上冲击危险的区域应当再采用单元支架、单体液压支柱配合铰接梁等可缩支架加强支护。

8. 冲击地压矿井必须制定采掘工作面冲击地压避灾路线,绘制井下避灾线路图,冲击地压危险区域的作业人员必须掌握作业地点发生冲击地压灾害的避灾路线以及被困时的自救常识。

第 19 条 必须制定涵盖所有防冲相关人员的防冲培训制度,制定年度培训计划。对进入冲击地压危险区域的作业人员和管理人员,应当进行冲击地压防治及冲击地压事故应急救援知识的培训。对冲击地压监测、卸压、解危施工人员,还需进行必要的专业技能培训。培训人员经考核合格后,方可上岗。

第20条　必须确保冲击地压防治资金投入到位。矿井编制冲击地压防治中长期规划、年度计划,充分预算冲击地压防治资金,并列入年度安全费用使用计划,满足冲击地压防治工作需要,矿井主要负责人保证冲击地压防治管理的各项资金足额、规范、使用到位。

第21条　坚持应用先进成熟技术与强化科研攻关相结合,依靠科技进步,强化自身建设,不断提高全矿冲击地压综合防治水平。

第22条　必须制定冲击地压事故应急预案,每年组织一次应急预案演练。矿长授权瓦安员、班组长、调度员、防冲专业人员发现井下有冲击地压危险情况时,有权责令现场作业人员停止作业、停电撤人。

第23条　采取区域和局部综合防冲措施后仍然出现动力现象或者超临界值监测预警信号的,必须强化综合防冲措施,并聘请专家进行论证,根据专家论证的结论优化防冲措施,确保措施有效,否则不得进行采掘作业。

第三章　冲击地压防治岗位安全责任制度

第24条　矿长是矿井冲击地压防治工作的第一责任人,对防治工作全面负责;总工程师是矿井冲击地压防治工作的技术负责人,对防治技术工作负责;防冲副矿长具体分管防冲工作,对防冲工作负总责;安全副矿长监督防冲工作的落实;生产副矿长、机电副矿长、经营副矿长配合防冲副矿长开展防冲工作,对分管范围内的防冲工作负责;分管防冲副总工程师对防冲技术工作负直接领导责任;其他副总工程师根据各自职责对分管范围内的防冲工作负责;防冲管理科为矿井冲击地压防治业务主管部门。

第25条　结合矿井实际,建立以矿长为主的防冲安全生产管理体系。

防治冲击地压管理领导小组组成如下:

组长:矿长。

副组长:总工程师、防冲副矿长、生产副矿长、安全副矿长、机电副矿长、经营副矿长。

成员:防冲、采煤、掘进、通风、地测、机电、经营副总工程师,防冲管理科科长,生产调度指挥中心主任,安全监察部部长,地质测量科科长,技术中心主任,防冲钻机队队长,通风工区区长,职工学校校长,机电工区区长,通计中心主任,物供公司经理,医院院长。

领导小组下设办公室,办公室设在防冲管理科。

主任:防冲管理科科长。

成员:防冲管理科、防冲钻机队技术员以上管理人员。

第26条　为落实冲击地压防治工作,建立各级人员冲击地压防治岗位安全责任制。

1. 矿长防冲岗位责任:

(1) 对矿井冲击地压防治负全面责任。

(2) 根据矿井冲击地压防治需要健全管理制度,配备防冲所需人、财、物。

(3) 每月组织召开一次防冲安全办公会。

(4) 每月至少一次到现场检查各项防冲措施的落实情况。

2. 总工程师防冲岗位责任:

(1) 矿井冲击地压防治技术负责人,对防冲管理工作负技术责任。

(2) 负责配备技术力量,确保技术岗位责任制的落实。

（3）组织编制、审定中长期及年度防冲计划、冲击危险评价及防冲设计、冲击地压防治综合安全技术措施等。

（4）组织冲击地压防治的科研工作，推广应用新技术、新工艺、新材料和新设备。

（5）每月至少一次到现场检查各项防冲措施的落实情况。

3. 防冲副矿长防冲岗位责任：

（1）具体分管矿井冲击地压防治工作，对防冲工作负总责。

（2）协助矿长贯彻执行党的安全生产法规、规程、规定、指令、上级文件和领导指示，落实年度防冲工作计划。

（3）建立健全现场防冲措施落实体系。严格落实危险区域限员管理、防冲工程质量管理、安全防护措施，切实落实预警处置指令。

（4）督促相关单位开展全员培训和专业技术管理人员培训；每季度结合防冲实际，至少开展一次对重点人员的专题培训。

（5）协调冲击地压防治期间人、财、物、设备等的供应。

（6）每月对矿井冲击地压防治工作进行总结，并预控下月防冲工作重点；每旬组织开展一次冲击地压防治专项检查工作。

（7）组织冲击地压事件的调查、分析、处理。

4. 生产副矿长防冲岗位责任：

（1）督促生产组织单位，严格落实冲击地压防治安全技术措施。

（2）协调防冲物资及设备供应。

（3）根据生产组织通知单要求，安排生产组织。

（4）参与冲击地压事件的调查、分析、处理。

5. 安全副矿长防冲岗位责任：

（1）监督、检查防冲管理人员岗位责任制的执行情况。

（2）监督、检查冲击危险区域的防冲措施落实情况。

（3）组织监督各类冲击地压事件的调查分析，并监督落实相应责任。

6. 机电副矿长防冲岗位责任：

（1）协助防冲副矿长开展防冲工作，对分管范围内的防冲工作负责。

（2）提供防冲所需的钻车、仪器等设备。

（3）参与冲击地压事件的调查、分析、处理。

7. 经营副矿长防冲岗位责任：

（1）协助防冲副矿长开展防冲工作，对分管范围内的防冲工作负责。

（2）提供防冲所需的资金，并将防冲费用单独列支。

（3）参与冲击地压事件的调查、分析、处理。

8. 防冲副总工程师防冲岗位责任：

（1）具体负责防治工作的技术管理工作，协助总工程师和防冲副矿长做好矿井防冲管理工作。

（2）负责编制中长期防冲规划和年度防冲计划。当生产现场地质及开采条件发生变化时，督促有关人员及时编制防冲安全技术措施。

(3) 组织分析冲击地压监测预警数据,对异常情况及时制定针对性措施。

(4) 组织防冲标准化检查和隐患排查,督查冲击地压防治工作落实情况。

(5) 积极推广使用新技术、新工艺、新材料和新设备,开展防冲调研,组织科研攻关。

(6) 每周组织一次防冲专业分析会;每月组织一次防冲评价、设计、措施复审。

9. 防冲管理科科长防冲岗位责任:

(1) 在矿长、总工程师、防冲副矿长的领导下,开展矿井冲击地压防治工作,具体负责现场落实工作。

(2) 按照生产组织通知单要求协调生产组织,并根据现场变化情况适时调整生产组织通知单要求。

(3) 每天召开一次防冲分析会,对冲击地压监测预警数据、采掘单位及防冲钻机队规程措施落实兑现、防冲重点工作、防冲标准化创建等工作进行分析,对排查出的问题、防冲措施落实不到位进行调查分析,并提出处理意见及防范措施。

(4) 当微震、应力在线、钻屑法等监测预警出现异常时,组织相关人员进行分析,并制定针对性措施。

(5) 参与矿井中长期、年度、季度、月度计划编制工作。

(6) 加强防冲业务培训以及各类软件资料管理。

(7) 积极推广新技术、新工艺、新装备,组织参与冲击地压防治科研攻关,不断提高矿井冲击地压防治水平。

10. 生产调度指挥中心主任防冲岗位责任:

(1) 根据月度生产组织通知单进行生产组织。

(2) 负责协调防冲措施落实所需的人员、设备、材料,确保防冲措施落实到位。

(3) 参与冲击地压事件的调查、分析、处理。

(4) 督促采掘单位技术人员做好矿压观测等基础工作,及时分析、上报观测数据。

11. 安全监察部部长防冲岗位责任:

(1) 负责对冲击地压监测预警、防冲治理等措施执行情况进行监督和检查。

(2) 负责对矿井相关人员防冲知识培训情况和效果的监督和检查。

(3) 监督矿井年度内冲击地压防治费用的使用情况。

(4) 负责冲击地压应急预案编制,并组织演练。

12. 技术中心主任防冲岗位责任:

(1) 根据冲击地压防治要求,编制矿井长远规划及年度、季度、月度生产计划。

(2) 年度安全费用计划对防冲费用进行单项列支,满足冲击地压防治工作需要。

(3) 按照冲击地压要求进行矿井开采设计,并根据冲击危险评价及防冲设计要求,对开采设计进行优化。

(4) 参与冲击地压灾害防治计划的编制、审定等工作。

13. 地质测量科科长防冲岗位责任:

(1) 负责提供有冲击地压危险区域的地质资料。

(2) 负责地质构造与地应力分析,参与冲击危险区域的划定,及时提供地质预报。

(3) 参与冲击地压的发生机理及其预测、分析方法的研究。

（4）参与冲击地压监测预警数据的分析、方案设计等工作。

（5）冲击地压事件发生后，参加事件原因分析，提供各类资料。

14．防冲钻机队队长防冲岗位责任：

（1）在矿长、总工程师、防冲副矿长的领导下，按照防治冲击地压规程、措施要求，组织现场实施。

（2）建立健全防冲钻机队各项管理制度，并确保各项管理制度的落实。

（3）负责防冲钻机队人、财、物、设备的管理。

（4）负责本单位职工的业务培训，提高防冲钻机队作业人员业务能力。

（5）参加项目施工方案的研究、制定工作。

（6）完成领导交办的其他工作。

15．通风工区区长防冲岗位责任：

（1）负责与防冲工作相关的"一通三防"管理工作。

（2）参与防冲设计、技术方案、规程措施的编制与督促检查。

（3）参与防冲应急演练及处置。

16．通计中心主任防冲岗位责任：

（1）负责冲击地压监测系统通信线路敷设、延伸、维护工作。

（2）负责确保监控系统网络传输稳定、通信正常。

（3）负责确保防冲事件应急处置过程中信号传输及通信畅通。

17．物供公司经理防冲岗位责任：

（1）保证各项防冲物资的正常供应，做好入库验收及发放。

（2）保证在事故发生时各项救灾物资的及时供应。

（3）按照基层单位所报计划，及时供应各单位所需的防冲材料。

18．机电工区区长防冲岗位责任：

（1）保证防冲设备的正常供应，做好防冲设备入库验收及发放。

（2）按照基层单位所报计划，及时供应各单位所需的防冲设备。

（3）协助防冲管理科做好设备调研工作，及时对老旧设备进行报废。

19．职工学校校长防冲岗位责任：

（1）认真贯彻执行党和国家安全生产方针政策、法律法规及上级安全培训各项管理规定，利用各种教学条件、手段，对职工进行冲击地压防治理论、现场操作技能教育培训。

（2）组织开展全员冲击地压防治培训；每季度结合防冲实际，至少开展一次对重点人员的专题培训。

（3）组织编制防冲培训教材、教案。

（4）建立健全冲击地压培训档案。

20．防冲管理科副科长防冲岗位责任：

（1）在矿领导及科长的指导下，对管辖范围内业务负责。

（2）协助科长完成中长期防冲规划和年度防冲计划编制工作，组织有关人员及时编制、会审、贯彻作业规程及有关防冲措施；当生产现场地质条件发生变化时，及时督促有关人员调整防冲措施，并报有关领导审批。

（3）协助科长积极组织冲击地压危险煤层预测预报（钻屑法、应力在线、微震法等）的实施及资料、数据记录与分析，进行冲击危险程度等级划分。

（4）组织防冲管理科技术人员每月对矿井冲击地压情况排查和防治工作进行总结，安排技术人员每天对冲击地压危险监测与防治情况进行分析。

（5）配合科长积极推广新技术、新工艺、新装备，不断提高矿井冲击地压防治水平。

（6）负责总结冲击地压防治过程中好的经验、做法，加强技术信息交流，定期组织防冲专职人员进行培训，以提高业务素质。

（7）督促、检查冲击地压防治措施现场落实情况，确保防冲治理效果。每周组织对重点防冲区域开展一次专项检查，包括隐患排查、防冲标准化、措施落实、人员准入制度等内容，并督促责任单位及时整改。

21.防冲管理科技术主管防冲岗位责任：

（1）在矿领导及防冲管理科科长直接领导下，负责防冲管理科技术管理。

（2）负责编制矿井中长期防冲规划、年度防冲计划、采掘工作面冲击危险评价、防冲设计、生产组织通知单、监测预警临界指标等材料，并及时完成审批、报批。

（3）指导生产单位根据冲击危险评价及防冲设计，编制防治冲击地压综合安全技术措施，并完成审批工作。及时掌握各工作面地质及开采条件变化情况，针对应力异常区，指导、督促生产单位编制专项或补充措施。

（4）每周对防冲区域开展一次防冲周预控，编制预控材料，报相关领导审批；每旬组织一次防冲标准化检查；每月对防冲工作开展情况进行一次总结，分析防冲工作存在的不足，预控下月防冲工作重点，制定针对性管控措施。

（5）组织防冲技术人员针对监测预警、采掘地质及开采条件变化等开展分析、研究工作，并针对应力异常区制定针对性措施。

（6）负责防冲资料的整理、打印及归档工作。

（7）负责仪器仪表使用人员的培训工作、仪器仪表的维修及保养、防冲器具的设计及加工等工作。

（8）参与矿井冲击地压的研究和防治工作。

（9）完成领导交给的其他工作。

22.防冲技术员防冲岗位责任：

（1）在科长及技术主管的领导下全面完成本职工作。

（2）积极钻研业务，提高专业技术水平，积极学习新技术，积极参与冲击地压理论研讨和科研攻关。

（3）根据个人业务分管范围，熟练掌握防冲技能，认真收集和整理防冲数据，并做好数据分析汇总、图纸绘制、预测预报、资料归档整理等工作。

（4）审查各种防冲技术措施，并对措施的执行情况进行督促检查。

（5）掌握井下工作面现场情况，对现场存在问题督促相关单位进行整改落实。

23.防冲现场管理人员防冲岗位责任：

（1）督促、指导、验收现场各类防冲钻孔施工情况，确保防冲措施现场落实。如现场地质或开采条件发生变化，应及时汇报，并参与分析。

（2）及时制作当班报表，不得出现虚报、漏报情况，报表要能准确反映现场的实际情况。

（3）认真学习钻研业务，提高自身素质，增强业务能力，按时参加部室各种会议。

24. 各采掘区队区长防冲岗位责任：

（1）各采掘区队长是本单位落实防冲工作的第一责任人，负责本单位防冲工程需要的人、财、物的具体安排。加强本单位职工防冲教育，做好个体安全防护。

（2）负责本单位防冲工程施工、防冲工程质量验收、各项防冲措施现场具体落实等。

（3）对本单位冲击地压防治工作开展情况进行分析，提前制定预控措施。

（4）对上级检查的防冲问题、隐患及时安排整改。

（5）严格执行防冲区域人员准入和限员管理制度。

25. 各采掘区队副区长防冲岗位责任：

（1）各采掘区队副区长是本单位落实防冲措施的具体责任人，负责本单位防冲工程需要的人、财、物的具体安排、落实。

（2）负责本单位防冲工程施工、防冲工程质量验收、各项防冲措施现场具体落实等。

26. 各采掘区队技术主管防冲岗位责任：

（1）负责本单位冲击地压防治作业规程、安全技术措施编制、传达、签字等，督促现场防冲措施落实。

（2）生产现场地质、开采条件发生变化，或防冲管理科监测局部应力集中时，及时编制补充措施，并组织实施。

（3）负责本单位防冲工程施工、防冲工程质量验收、各项防冲措施现场具体落实等。

（4）每月对本单位防冲工作进行一次预控，制定预控措施；每月对本单位防冲工作进行总结，预控下月防冲重点；按时参加防冲周分析会等各类防冲会议。

27. 各区队班组长防冲岗位责任：

（1）在副区长领导下，积极开展冲击地压防治工作，确保防冲措施现场落实到位，工程质量符合措施要求，监测指标合格后方可组织生产。

（2）根据防冲标准化要求，组织好防冲标准化创建工作。

（3）教育全班职工认真执行防冲安全技术措施及防冲机具操作规程，遵守各项规章制度。

（4）根据防冲措施要求健全井下现场各项防冲台账，认真填写原始记录，及时报送防冲管理科。

（5）负责安排专人对井下现场防冲机具进行保养、检修、维护，确保防冲机具完好。

（6）检查个体防护措施落实情况。

28. 防冲工程施工人员防冲岗位责任：

（1）施工人员要熟知各工作面的钻孔设计技术参数，熟练正确地操作钻机。经过专业培训，取得上岗资格证后，持证上岗。

（2）严格执行安全技术措施，按规定进行防冲钻孔施工，及时填写原始记录，数据要求准确、可靠。

（3）熟知冲击地压发生前的预兆和冲击地压避灾路线，妥善避灾。

（4）积极参加各种相关安全技术业务培训，努力提高自身的业务技术水平。

第四章　冲击地压防治技术管理制度

第 27 条　为做好冲击地压防治技术管理工作，落实各级技术管理职责，规范防冲评价、设计、措施等审批流程，建立以总工程师为主的防冲技术管理体系。

1. 防冲技术管理小组。

组长：总工程师。

副组长：防冲副总工程师。

成员：防冲管理科、防冲钻机队、生产调度指挥中心、安全监察部、技术中心、地质测量科、综采工区、掘进工区、综采准备工区、通风工区等单位科区长及技术主管。

2. 总工程师是本企业冲击地压防治技术管理的第一责任人，负责按照有关规定指导防冲技术管理工作。

3. 防冲副总工程师是本企业防冲工作技术管理的具体责任人，协助总工程师做好本企业的防冲技术管理工作。

4. 防冲管理科科长负责建立健全和完善各岗位、各部门防冲工作安全责任制。

5. 防冲管理科、防冲钻机队、采掘区队技术主管负责本单位防冲技术工作。

6. 防冲管理科和安全监察部、生产调度指挥中心各专业技术主管负责审批防冲措施，并对措施现场落实情况进行督查。

7. 技术中心技术主管负责提供相应的计划、设计资料。

8. 地质测量科技术主管负责提供地质资料，并根据采掘实际情况，指导工区编制补充措施。

9. 防冲评价、防冲设计的编制与审批：

（1）开采冲击地压煤层前，由防冲管理科编制采、掘、修护工作面冲击危险性评价报告及防冲设计，由总工程师组织地质、设计、采、掘、机电等相关专业副总、科室专业人员进行会审、签字，最后经矿长签字同意后报集团公司技术负责人审批，并由集团公司批复后实施。参加会审人员要认真审查，针对查出的问题，编制人员要及时修改，确保编制质量。

（2）如开采设计、地质情况等发生重大变化，防冲评价与防冲设计与现场严重不符时，必须重新进行评价，以保证技术指导的有效性。

（3）冲击危险性评价报告及防冲设计报告，包括评价资料（工作面概况，煤岩冲击倾向性鉴定，煤层及顶底板情况，地质、水文及其他影响因素，冲击影响因素分析等）、冲击危险评价（综合指标法、多因素耦合法）、防冲设计（监测预警、防冲治理措施、卸压解危、效果检验、安全防护方法等）。

10. 采、掘（修护）工作面的作业规程必须包括防冲专项措施，且独立一章，内容包括作业区域冲击危险性评价结论、冲击地压监测方法、防治方法、效果校验方法、安全防护方法以及避灾路线等主要内容。

11. 工作面在进行采掘活动前，根据冲击地压危险性评价及防冲设计，由工区编制防冲综合措施，由防冲、生产、安监分管专业技术主管、防冲副总工程师、总工程师进行签字审批。

防冲综合措施中必须明确工作面概况、地质构造情况、影响因素分析、工作面位置及影响范围示意图、冲击危险性评价结论、分段定级、采掘设备及工艺、支护形式及方式、冲击地压监测方法、防治方法、效果检验方法、生产进度、安全注意事项、应急救援、避灾路线（图）等内容。

12. 采煤工作面在过初次来压、见方、地质构造等特殊区域时，掘进工作面在过地质构造、压力异常等区域时，工区必须编制专项防冲措施，由防冲、生产、安监分管专业技术主管、防冲副总工程师、总工程师进行签字审批。

13. 如现场地质条件、生产情况发生变化，或监测预警数据分析异常，工区及时编制防冲补充措施，对综合防冲措施进行修改和完善，确保措施具有针对性、有效性和可操作性。补充措施由防冲、生产、安监分管专业技术主管、防冲副总工程师进行审批。

14. 防冲技术措施实施前必须由区队技术主管或技术员组织施工人员学习、签字。

15. 现场防冲工作严格按措施执行，作业过程中，施工人员严格按照要求填写施工记录，并及时上交防冲管理科。

16. 审批完的防冲措施，必须在 2 d 内将复印件报送防冲管理科存档，并填写报送记录。

17. 冲击地压危险性评价、防冲设计、防冲措施编制、审批流程按要求进行。

第 28 条　每个采掘工作面结束后，各采掘单位技术主管配合防冲管理科对工作面防冲治理、监测预警等情况进行分析总结。

第 29 条　矿井组织编制中长期防冲规划与年度防冲计划，报集团公司审批后实施。

第 30 条　根据防冲需要，邀请院校、集团公司等防冲专家来矿对矿井规划布局、防冲指标及工作开展情况进行分析、指导，并提出改进意见。

第 31 条　积极开展防冲技术创新，引进防冲新技术、新装备、新工艺。

第 32 条　冲击危险区内的掘进与回采工作，必须在卸压保护带内进行。

第 33 条　开采有冲击地压的煤层，巷道支护要用锚网梁（索）支护，严禁采用混凝土支架、金属刚性支架等刚性支护。

第 34 条　冲击地压煤层的采煤工作面，必须用垮落法管理顶板，切顶支架应有足够的工作阻力，采空区中所有支柱必须回净，采空区悬顶面积超过规程规定时必须采取强制放顶或加强支护措施。

第 35 条　为加强冲击地压防治措施落实，确保防治效果，杜绝冲击地压事故发生，建立以防冲副矿长为主的现场防冲措施落实体系。

1. 成立防冲措施落实管理小组。

组长：防冲副矿长。

副组长：防冲副总工程师。

成员：防冲管理科、防冲钻机队、生产调度指挥中心、安全监察部、技术中心、地质测量科、综采工区、掘进工区、综采准备工区、通风工区等单位科区长及技术主管。

2. 防冲副矿长是本企业冲击地压防治措施落实的第一责任人，负责按照有关规定组织、督促防冲措施现场落实。

3. 防冲副总工程师协助防冲副矿长落实各项防冲措施，确保现场严格按防冲措施要求开展防冲工作。

4. 防冲管理科科长负责协调各单位、各部门及相关作业人员、防冲装备,落实各项防冲措施。

5. 防冲管理科、防冲钻机队、采掘区队技术主管负责本单位防冲技术措施编制、审批、传达、学习。

6. 各工区区长、副区长、班长负责防冲措施现场落实,严格按措施要求开展防冲工作,并做好相关记录。现场地质、开采条件、应力集中程度出现异常情况时,及时汇报。

7. 地质测量科技术主管负责提供地质资料,并根据采掘实际情况,指导工区落实各项防冲措施。

第五章　冲击地压防治教育培训制度

第 36 条　为提高管理人员、职工对煤矿冲击地压的认识和知识水平,提高全员防冲意识和防冲业务能力,保障职工安全和健康,促进安全生产发展,制定本制度。

1. 矿长是煤矿安全技术培训第一责任人,成立符合上级要求的培训机构,确保职教经费按规定足额投入,选聘合格的专兼职教师,负责培训计划、培训制度的制定和组织实施。党委副书记分管矿安全技术培训工作,协助矿长做好安全技术培训工作。培训中心负责全矿职工安全技术培训工作的组织和实施,安全监察部负责安全技术培训理论考试监考和实操考核。

2. 定期安排防冲安全教育技术培训,矿必须保证培训所需的费用。

3. 防冲教育培训(包括全员培训、安全生产管理人员培训、现场管理人员培训)是指对受冲击地压威胁人员进行的冲击地压防治知识和技能的培训,每年一次。建立职工冲击地压防治知识培训档案。

4. 新入矿职工培训内容必须包括冲击地压防治知识。

5. 职工学校制定培训计划,确定培训目标和对应的培训内容。所有受冲击地压危险威胁的人员未进行培训或培训考试不合格的不得上岗作业。

6. 全员培训(包括井下相关作业人员、班组长、技术员、区队长、防冲专业人员、安全管理人员、新工人等)应包括冲击地压发生的原因、机理、条件和前兆、主要危害方式、主要预测方法、主要防治措施、目前矿井受冲击威胁的区域等防冲基本知识培训和冲击地压灾害处理、灾害应急演练等防冲基本技能培训。

7. 培训方式为由矿职工学校统一进行培训,合格后上岗;考核不合格自费重新进行培训。

8. 防冲教育实行教考分离,由防冲管理科专业人员进行授课,职工学校组织考试,矿有关监督部门进行联合监考。

第六章　冲击地压区域与局部监测制度

第 37 条　矿井采用微震监测、CT 探测、地音监测、应力在线、钻屑法、矿压观测等技术实施区域与局部监测。

第 38 条　微震监测制度。

1. 矿井采用 SOS 微震监测系统,对有采掘活动区域实施监测预警,监测人员 24 h 值班,即时分析定位微震信号,编制圆班监测记录,监测异常及时汇报。

2. 微震传感器间距一般为 200～1 000 m,传感器、分站应随矿井开采区域转移及时安设,微震事件定位时所用传感器数量不应少于 6 个。

3. 微震传感器、分站应安设在支护完整、通风良好、无淋水、无杂物、便于维护的硐室(巷道)中,不得安设在皮带、绞车、开关、高压胶管等产生较大干扰的位置。传感器、分站应设防护罩,并挂牌管理,注明责任单位、责任人、完好情况、巡查日期等。维护人员至少每旬对微震监测设备及传输线路进行 1 次巡查,并填写巡查记录及故障维护记录。

4. 微震监测系统应建立如下记录、报表:① 系统运行及交接班记录;② 超临界指标记录;③ 巡查记录;④ 故障处理记录;⑤ 特殊微震事件记录;⑥ 微震事件复检记录;⑦ 监测日报表。其中监测日报表应包括矿井微震监测报表、冲击地压危险采区微震监测报表、冲击地压危险工作面或重点区域微震监测报表,并按程序签批。各报表应有微震能量、频度、集中度趋势曲线,采掘工作面日进尺曲线,震源分布平面图,并作出微震简况、预警评价、趋势分析、采取措施等说明。

5. 微震监测系统采集、记录、分析的数据每月应备份一次。传感器坐标修改后,将 SOS 软件包标注日期后保存,并将新修改的 SOS 软件包报集团公司生产调度指挥中心。

6. 微震频度和微震总能量为主要判别指标,微震能量最大值等为辅助判别指标。工作面生产前,在评价的基础上,参考邻近相似条件的矿井和工作面,确定判别指标初值;工作面生产过程中,在初值应用的基础上,结合钻屑法、采动应力法和矿压法等局部监测结果,统计分析无冲击地压危险发生条件下微震监测指标最大值,以该最大值作为判别指标临界值。

7. 出现微震监测超预警临界指标后,矿井应在 1 h 内将微震信号概况、2 h 内将分析材料报集团公司生产调度指挥中心。超预警临界指标微震信号分析材料包括微震监测预警临界值、微震信号概况、震源位置、现场情况、原因分析、采取措施,并附震源位置平面图、震动波形图等。

8. 微震监测值班人员、技术人员主要职责:

(1) 微震监测值班人员应监视微震监测系统主机所显示的各种信息,记录系统各部分的运行状态;微震事件触发后,及时完成微震事件的 P 波标定、震源定位、能量计算等工作,不得删除微震事件;检查微震远程传输客户端传输情况,保证微震数据实时远程传输。

(2) 当出现微震事件震动时间超长、各传感器到时相差较大、较短时间内记录到多次微震事件而无法定位、多次定位后无法计算能量等情况时,微震监测值班人员应将其存入特殊文档,并及时汇报微震监测技术人员重新分析。

(3) 微震监测出现超预警临界指标时,微震监测值班人员应及时与震源点附近的现场作业人员联系,询问并记录现场矿压显现、动力现象等,并汇报微震监测技术人员重新分析确认。

(4) 微震监测技术人员应对值班人员分析的微震事件 P 波标定、震源定位、能量计算等关键工序每周至少复检一次,提高微震监测分析的准确性。

(5) 微震监测值班人员编制当天监测报表,并报技术主管审核。

第 39 条 矿压观测制度。

1. 掘进工作面:

（1）顶板离层仪应安设在巷道顶板中部或交叉点中心位置。

（2）掘进巷道顶板离层仪的间距一般不超过 100 m，非跟顶、沿空或受采动影响的掘进巷道，间距一般不超过 50 m，间距误差不超过 3 m。断层处、交叉点等特殊地段必须安装顶板离层仪。

（3）顶板离层仪按安装时间先后进行编号、挂牌管理，牌板上应记清编号、安装日期、初始读数、深浅基点位置、观测人等内容。监测资料要定期分析并做好记录。

（4）观测记录实行现场记录牌、记录本、记录台账"三统一"制度。施工单位技术员负责数据监测。出现顶板离层达到临界值等异常情况时，应立即汇报生产调度指挥中心并采取相应措施。

（5）顶板离层仪安装后 10 d 内、距掘进工作面 50 m 内和采煤工作面 100 m 内每天观测应不低于 1 次。在此范围以外，除非离层、位移有明显增大，可每周观测 1 次。

（6）巷道移交时，现场顶板离层仪、位移监测站、观测分析材料和记录牌板等一并移交给接收单位，继续做好监测、管理工作，至掘进、准备和回采一个完整周期结束，并形成观测报告。

（7）巷道表面位移监测内容包括顶底板相对移近量、顶板下沉量、底鼓量、两帮相对移近量和巷帮位移量。一般采用十字布点法安设测站，基点应安设牢固，测站间距一般不超过 100 m；采用测枪、测杆或其他测量工具量测。

（8）巷道围岩移近速度急剧增加或一直保持较大值时，工区及时汇报矿有关领导，必须及时组织相关人员分析原因，并采取相应的处理措施。

2.采煤工作面：

（1）采煤工作面实行顶板动态和支护质量监测，支架每棵立柱均安装压力表，每 10 架布置 1 个测点。

（2）材料道、刮板输送机道实行顶板离层监测，顶板完整区域每 100 m 安装一个顶板离层仪（或使用掘进期间安装的），顶板破碎或受断层影响区域，加密安装顶板离层仪。

（3）两道设置围岩观测站。每 100 m 设置一组，每组 2 个，观测巷道岩移变化。巷道变化严重或其他特殊区域加密设置观测站。

（4）顶板离层仪及围岩观测站每周观测一次，现场须有观测记录牌板，地面有记录台账。

第 40 条　钻屑法监测制度。

1.钻屑监测施工钻头直径一般为 42 mm，钻孔最大深度为 3～4 倍的巷高。钻屑监测孔一般应施工在非沿空侧巷帮，沿空侧煤柱大于 8 m 时应进行钻屑监测，并满足防灭火、防治水要求。钻屑监测孔垂直于煤壁或平行于煤层布置，一般应布置在巷道煤层中部，如钻屑孔周围 1 m 范围内已布置注水钻孔，钻屑孔应高于注水钻孔 0.5 m 以上。

2.采煤工作面煤壁仅在发生过冲击地压或现场分析具有冲击地压危险时进行监测，钻孔间距 10～50 m，钻孔个数应不少于 3 个，监测间隔时间为 1～3 d。顺槽两帮监测区域应覆盖采动应力监测影响范围，且不小于 100 m，钻孔间距为 10～30 m，两帮每次监测钻孔个数应各不少于 3 个，监测间隔时间为 1～3 d；顺槽超前 100～200 m 范围，弱冲击地压危险区段每 4 d 至少监测 1 次，中等冲击地压危险区段每 3 d 至少监测 1 次，强冲击危险区段每 2 d 至少监测 1 次,每次钻屑监测均不得低于 2 孔;超前 200 m 外特定危险区域定期进行钻屑监测。

3. 掘进工作面迎头应保证每 10~20 m² 布置 1 个钻孔,钻孔个数应不少于 2 个,监测频率要始终满足掘进工作面具有不小于 5 m 的超前监测距离。迎头后方 60 m 范围内的巷道两帮钻孔每次监测个数应各不少于 3 个,钻孔间距为 10~30 m,监测间隔时间为 1~3 d;迎头后方 60~150 m 范围,弱冲击地压危险区段每 4 d 至少监测 1 次,中等冲击地压危险区段每 3 d 至少监测 1 次,强冲击危险区段每 2 d 至少监测 1 次,每次钻屑监测均不得低于 2 孔;迎头后方 150 m 外特定危险区域定期进行钻屑监测。

4. 孔距与间隔时间按所测地区预先评定的冲击地压危险等级和地质条件适当调整,对强冲击地压危险区,取推荐的下限值,即采煤工作面煤壁和顺槽两帮钻孔间距为 10 m,监测间隔为 1 d,掘进工作面迎头每 10 m² 布置一个钻孔,掘进工作面巷道两帮钻孔间距为 10 m,间隔时间为 1 d;对弱冲击地压危险区,可取推荐的上限值,即采煤工作面煤壁和顺槽两帮钻孔间距为 50 m 和 30 m,监测间隔均为 3 d,掘进工作面迎头每 20 m² 布置一个钻孔,掘进工作面巷道两帮钻孔间距为 30 m,间隔时间为 3 d。

5. 采煤工作面巷道实施多循环钻屑监测后,钻屑钻孔间距不得大于 10 m。在地质构造变化带及其他应力异常区,应减少孔距、缩短监测间隔时间。

6. 工作面收作、支架拆除、开切眼扩刷期间均应进行钻屑监测。工作面拆除支架期间,每天应对支架拆除超前支承压力影响区进行不少于 2 孔的钻屑监测。

7. 钻屑监测其他规定。

(1) 钻屑监测的煤粉量既包括钻孔实体煤的煤粉量也包括扩孔煤粉量,为保证钻屑监测精度,应使用专用煤粉收集装置,称量工具精度不低于 0.05 kg。

(2) 钻屑监测应现场记录施工时间和地点、钻孔位置(进尺点绝对位置、距工作面相对距离、距顶板或底板的距离)、钻孔深度、煤粉量等施工参数,以及异响、卡钻、吸钻、顶钻、钻孔冲击等动力效应。

(3) 正常煤粉量是在工作面支承压力影响范围外,煤层赋存稳定的区域测得的煤粉量。测定正常煤粉量钻孔数不得少于 5 孔,并取各孔对应的每米煤粉量的平均值。

(4) 钻屑监测施工时记录每米钻进的煤粉量,达到或超过临界煤粉量,判定为有冲击地压危险;记录钻进时的动力效应,如卡钻、吸钻、顶钻、异响、孔内冲击等现象,作为判断冲击地压危险的参考指标。只要有一项判定为有冲击地压危险,则评价结果为有冲击地压危险。

(5) 某区域如煤体潮湿,钻屑监测钻孔施工不到设计孔深时,应采用大功率钻机干式钻进对设计孔深内煤体是否全部潮湿进行验证,每周不少于 1 次,如设计孔深内煤体不能保证全部潮湿,应采用应力监测或电磁辐射监测等进行补充监测。如其他原因造成钻屑监测失效,也应采用应力监测或电磁辐射监测等进行补充监测。

(6) 防冲措施要求进行钻屑监测但现场不具备钻屑监测条件的,应在要求监测的钻孔位置挂牌说明原因,并采用应力监测或电磁辐射监测等方法进行补充监测。

第 41 条 采动应力监测制度。

1. 冲击地压危险工作面应配备采动应力监测系统,并具备远程、实时、动态监测功能。采动应力监测系统安装时应编制安全技术措施,保证安装质量达标、系统运行正常。

2. 应力在线监测系统布置在巷道具有冲击危险的区域,掘进巷道迎头后方监测范围不小于 150 m,采煤工作面超前巷道监测范围不小于 300 m。

3. 每级安装 2 个应力传感器,孔深分别为 8 m、12 m。同一监测组内相邻监测点沿巷道走向间距不大于 2 m,相邻监测组沿巷道走向间距不大于 30 m,其中强冲击危险区监测组间距不大于 20 m。

4. 采动应力监测系统预警临界指标包括应力和应力变化率。出现采动应力超预警临界指标时应停止生产,撤出人员,分析原因,采取卸压解危措施,确认危险解除后方可恢复正常作业。分析出现采动应力超预警临界指标事件原因时,由专业技术人员判定、煤矿总工程师确认超预警临界指标事件是否为系统故障,非系统故障的超预警临界指标应立即按规定处置;系统故障造成的超预警临界指标,应立即处理故障,恢复系统正常运行,并由判定、确认人员签字。所有超预警临界指标事件均应有记录。

第 42 条　防冲管理科专业技术人员专门负责监测与预警工作,针对冲击地压危险监测数据,结合多种监测方法,对矿井监测数据进行全面分析,预测冲击地压危险。每天编制冲击地压危险综合监测日报表,经防冲管理科科长、防冲副总工程师、防冲副矿长、总工程师、矿长签字,及时告知相关单位和人员。

第 43 条　当监测区域或作业地点监测数据超过冲击地压危险预警临界指标,或采掘作业地点出现强烈震动、巨响、瞬间底(帮)鼓、煤岩弹射等动力现象,具有冲击地压危险时,必须立即停止作业,按照冲击地压避灾路线迅速撤出人员,切断电源,并报告矿生产指挥中心和冲击地压监测预警值班室。

第七章　冲击地压实时预警制度

第 44 条　冲击危险实时预警采用微震与应力在线监测系统,结合钻屑法、矿压观测监测数据进行综合分析。防冲管理科在各工作面防冲评价或设计时明确钻屑法、应力监测、微震监测预警或临界指标。发现监测数据超过冲击地压危险预警临界指标时,应当撤离与防冲作业无关人员,实施解危卸压工作;判定具有冲击危险时,应当立即撤离受威胁区域的人员,并切断电源,落实防冲预案。

1. 利用地震台网监测矿区范围内震动。

2. 利用区域性微震监测系统(SOS 微震监测系统)监测矿井范围内震动,覆盖全矿井及所有采掘工作面。

3. 利用应力监测系统开展局部监测,进行实时预警。

4. 利用钻屑法对冲击危险进行检验和效果验证。

5. 利用钻屑法开展煤巷掘进工作面冲击危险性监测。

第 45 条　微震法作为区域大范围监测预警方法,主要对工作面、巷道掘进过程中的矿震活动进行监测,确定出矿震活跃或异常区域。

出现单次震动能量超过本工作面监测预警临界指标时,应在 1 h 内将微震概况及分析材料报集团公司生产指挥中心。出现冲击动力显现的区域,微震监测、应力监测出现超临界值以及分析存在明显冲击危险趋势的区域必须立即停止生产,撤出人员,进行防冲检测或卸压解危。

卸压解危后需再次采用钻屑法检验卸压效果,直到冲击危险下降到允许范围。

第 46 条 通过在采掘工作面安装应力在线监测系统,能够监测到比较全面的冲击地压前兆信息,在冲击危险性评价的基础上,每组由 2 个 8 m、12 m 不同深度的传感器组成,组与组之间的间距由各工作面的冲击危险性决定,一般为 15～30 m,随工作面推进,每组传感器依次回撤、安装。

第 47 条 在被认定为冲击危险区,微震、应力在线监测数据异常时,已经发现有冲击地压现象的地点,应采用钻屑法进行验证。

1. 检测指标由煤粉量、深度和动力效应组成。

2. 煤粉量是指每米钻孔长度所排出的煤粉的质量,单位为 kg。

3. 深度是从煤壁至所测煤粉量位置的钻孔长度,可折算成钻孔地点实际采高的倍数。

4. 动力效应是钻进过程中产生的异响、卡钻、吸钻、顶钻、钻孔冲击等动力效应。

5. 钻孔时,使用专用钻架和钻杆导向装置,保证钻孔直径和方向。

6. 钻孔应尽量布置在煤层采高中部、平行于层面、垂直于煤壁。

7. 钻屑法冲击危险评定及现场处置:

(1) 当监测地点所有钻孔钻进至 10 m,煤粉量合格且无动力效应时,可判定该区域无冲击危险,采掘作业可正常进行。

(2) 当监测地点所有钻孔钻进 7～10 m 时,煤粉量或动力效应有一项不合格,可判定该区域为弱冲击危险,进行采掘作业前,现场必须严格执行防治冲击地压措施。

(3) 当监测地点任何一个钻孔钻进 4～7 m,监测指标异常且该钻孔附近两个确认钻孔施工情况与之相同时,可判定该区域有中等冲击危险,必须停止工作,撤出所有受威胁区域人员,由防冲管理科人员跟班监测确定冲击危险区域,进行解危处理。

(4) 当监测地点任何一个钻孔钻进 1～4 m,监测指标异常且该钻孔附近两个确认钻孔施工情况与之相同时,可判定该区域有强冲击危险,必须立即停止工作,撤出所有受威胁区域人员,在距监测地点 300 m 处设置警戒,禁止无关人员入内,由防冲管理科人员指导从低应力区逐步向高应力区进行解危。

8. 监测地点出现以下情况,先将人员撤到安全地点,待压力稳定后,经跟班人员检查,确认无危险后,再进行煤粉检测:

(1) 有较大的煤体突出,煤壁突然外鼓。

(2) 煤壁有连续声响、煤炮声不断、围岩活动明显加剧、支护失效等现象时。

第 48 条 采用钻屑法监测时应当开展以下工作:

1. 采用钻屑法监测,采集的数据资料必须及时进行分析,正常情况下每天对当天的资料进行综合分析一次,每周对本周的资料综合分析一次,如果数据异常,必须及时进行当班相邻地点的横向综合对比分析以及相邻时间段内的纵向综合对比分析,以确定工作区域的冲击危险性、危险程度以及危险区的范围。

2. 对工作区域冲击危险程度,每天必须有检测结果和相应的处理意见,并以书面形式报矿领导审批。

第八章 冲击地压处置调度制度

第 49 条 为了进一步规范微震或破坏性事件处置工作,全面落实安全责任,及时采取有效措施,结合工作实际,制定本制度。

1. 井下发生破坏性矿震时(对巷道造成破坏的),立即启动冲击地压应急救援预案开展抢险救灾工作,防止发生次生灾害。防冲管理科科长、防冲副总工程师、防冲副矿长必须在第一时间立即赶赴现场,了解现场情况,汇报给冲击地压监测预警值班室和生产调度指挥中心;矿长、总工程师立即召集相关人员分析原因,并制定应急处置方案。

2. 当微震监测总频度、总能量、单次最大能量超过预警临界指标时(巷道无明显破坏),必须有防冲管理科技术员以上管理人员到达现场,勘察现场具体情况,并将详细情况汇报给冲击地压监测预警值班室和生产调度指挥中心。

3. 矿冲击地压监测预警值班室和生产调度指挥中心监测值班人员认真履行岗位职责。当井下发生微震事件时防冲监测人员要立即处理数据,完成微震事件定位后,对监测数据进行记录,记录内容包括时间、地点、能量、数据处理人员信息等情况。

4. 当发生超预警临界值或破坏性冲击事件时,冲击地压监测预警值班室要在 10 min 内确定出微震事件的相关参数,并立即通知生产调度指挥中心。

5. 现场如有动力现象,如较大煤炮、巷道明显变形等,瓦安员、班组长等立即停止工作面生产,撤出影响区域所有作业人员,向冲击地压监测预警值班室和生产调度指挥中心汇报。根据微震监测数据分析结果及现场钻屑法验证无冲击危险,并经防冲管理人员确认后再恢复生产。

6. 当微震监测数据超过预警临界指标后,防冲管理科立即组织技术员对微震事件发生区域进行分析,利用钻屑法、矿压观测、应力在线等手段判断采掘工作面冲击危险性,同时整理事件定位参数和现场情况,并上报矿总工程师等领导。

7. 现场煤粉量检测超临界值,钻屑孔施工过程中出现吸钻、卡钻、煤炮等明显动力现象时,必须由防冲管理科专职人员到现场指导卸压解危工作的开展。

8. 井下现场有冲击危险时,班组长、调度员和防冲专业人员有权通知现场作业人员停止作业,停电撤人。

9. 冲击危险区域实施解危措施时,必须撤出冲击危险区域所有与防冲无关的人员,停止运转一切与防冲施工无关的设备。

10. 冲击危险区域采取综合防冲措施仍不能消除冲击危险的,不得进行采掘作业。

11. 对发生的具有破坏性的微震事件要建档备案,详细记录事件发生的能量、震级和震源位置及现场破坏范围和位置。

第 50 条 应力在线处置。

1. 采掘工作面采用应力在线监测进行实时监测预警,冲击地压监测预警值班室及时监控各项数据。

2. 当单个工作面应力在线监测系统连续两组以上应力计达到预警指标时,监控中心立即通知防冲管理科专业技术人员分析原因。如为现场应力增加或有冲击危险时,立即通知现场停工或停产,并停电撤人,再按规定向值班矿领导汇报。

第 51 条 有冲击危险采掘工作面采用钻屑法监测,钻屑法监测结果异常时,工作面不得生产,实施卸压解危并经校验指标合格后方可生产。

第九章　冲击地压处理结果反馈制度

第 52 条　为分析事件发生原因、吸取教训、总结经验、完善措施,制定本制度。

1.微震事件(现场无破坏)发生后,防冲管理人员针对该区域地质、开采条件、前期监测数据、支护、采取的措施等情况进行分析,总结经验、吸取教训。

2.冲击地压事故发生后,必须查清事故原因,制定恢复生产方案,通过专家论证,经集团公司验收合格后方可恢复生产。

3.防冲监测值班人员、跟班队长、班长、现场作业人员应配合事故调查部门开展事故调查工作,做到实事求是,不弄虚作假。安全监察部必须及时组织有关人员进行现场调查,严格按照事故处理"四不放过"的原则开展事故调查工作。

4.冲击地压事故无论大小都要进行科学全面的分析,参加人员由班组长、值班人员、事故在场全部人员、处理事故人员组成,分析找出事故发生的时间、经过、原因、影响范围等,对照标准进行追究处罚,并提出整改措施,做好有关事故报告处理、统计、分析的归档工作,编制事故分析报告。

5.处理结果及时通知相关单位及矿领导。

第十章　冲击地压事故(事件)报告制度

第 53 条　当微震监测系统监测数据超预警临界指标、发生冲击地压故事,或出现下列情况之一时:

1.巷道有明显的变形(底鼓、帮部位移等)。

2.巷道无明显的变形,井下工作人员向监控值班人员汇报有矿震发生,现场动力效应明显。

3.巷道无明显的变形,冲击地压监控值班人员通过微震监测系统定位出超临界矿震发生在工作面向采空区 20 m 范围内、工作面超前 300 m 范围内或者顶板(底板)向上(下)100 m 范围内。

立即汇报矿生产调度指挥中心及防冲管理科值班人员,由生产调度指挥中心调度井下现场情况,并立即停止生产将人员撤至安全地点,由矿领导组织相关部门制定防冲方案;如出现冲击地压事故,立即启动应急预案,向上级部门汇报。

4.冲击地压事故汇报必须按以下规定执行:

(1)报告程序。

矿生产调度指挥中心实行 24 h 值班。值守电话:0516-85358279、0516-85358280;井下按"7"键紧急呼叫生产调度指挥中心,也可以用直通电话接通矿生产调度指挥中心。

当井下发生冲击地压事故造成人员受到伤害或伤亡时现场作业人员应立刻向生产调度指挥中心报告。矿生产调度指挥中心立即向矿长报告,矿长下达应急预案启动指令。

矿生产调度指挥中心迅速通知应急救援队伍、应急救援相关场所和机构、矿领导、应急救援指挥部其他成员及相关单位,通知事故灾害现场及受威胁区域迅速采取应对措施。

矿生产调度指挥中心及时向集团公司生产调度指挥中心报告事故情况。

(2)信息上报。

① 矿长接到冲击地压事故灾害报告后,应于 1 h 内向集团公司、江苏省应急管理厅

徐州监察分局、徐州市应急管理局、沛县应急管理局报告;情况紧急时,现场有关人员可以直接向集团公司、省应急管理厅徐州监察分局报告。报告后出现新情况时,应按规定及时补报。汇报电话:江苏省应急管理厅徐州监察分局0516-85321077,徐州市应急管理局0516-83739258、0516-83739658,沛县应急管理局0516-84632684,集团公司生产调度指挥中心0516-85320382。

② 报告内容应包括:本单位概况;事故灾害发生的时间、地点及现场情况;事故灾害的简要经过;已经造成或者可能造成的伤亡人数(包括下落不明的人数)和初步估计的直接经济损失;已经采取的措施等。

第54条　冲击地压事故汇报按照《张双楼煤矿生产安全事故应急预案》中事故汇报程序进行。

第十一章　冲击危险区域人员准入和限员管理制度

第55条　人员进入冲击地压危险区域时必须严格执行人员准入和限员管理制度。在作业规程中必须明确规定人员进入的时间、区域、人数和管理要求,井下现场设立管理站。防冲管理站包括管理制度牌板、进入人员登记簿、人员控制牌、防冲服、防冲头盔、准入门(网)、直通电话等。

第56条　冲击地压煤层的掘进工作面单班作业人数综掘不超过18人,炮掘不超过15人,其中迎头后200 m处设立限员门(网),悬挂警示标志,200 m范围内进入人员不超过9人。

第57条　采煤工作面单班作业人数生产班不超过25人、检修班不超过40人,其中工作面及两顺槽超前支护最外端设立限员门(网),悬挂警示标志,超前支护范围内进入人员生产班不超过16人、检修班不超过40人。

第58条　中等以上冲击危险采掘工作面的所有人员必须穿戴防冲服、防冲头盔。

第59条　防冲管理站、休息室、会议室等不得设置在三四角门、中等及以上冲击危险区以及矿压显现异常的区域。

第60条　所有进出冲击地压危险区域的人员由防冲管理站管理员(以下简称"管理员")统一管理,当人员达到上限时,坚持"出一进一"原则。管理员及时更新人员出入信息,确保出入人数与登记人数信息两者一致,瓦安员现场督促落实。

第十二章　冲击地压监测系统维护管理制度

第61条　防冲管理科负责防冲监测系统布置规划、线路设计、日常维护、管理和考核,通计中心负责防冲监测设备线路敷设、安装;各工区对管辖范围内的防冲监测设备负有保护、管理职责。

第62条　冲击地压监测预警值班室负责监控系统的24 h值班,收集处理监控数据,按监测系统相关管理规定制作各种报表;对异常情况及时汇报,并做好相关记录。

第63条　若设备、线路出现故障,通计中心协助防冲管理科及时查明原因,所属区域管理单位要积极配合查明原因,并立即组织处理。

第64条　防冲管理科技术人员及时对微震监测系统软件进行维护,确保软件正常运行,发现故障要立即进行处理。

第65条　各工作面安装的冲击地压监控系统、拾震器及线路因工作面推进需要拆除时,防冲管理科安排专业人员负责挪移、回收,所属区队给予配合。

第66条　微震监测、应力在线监测系统所用开关、电源、主站、分站之间电源线由采掘单位配合进行搭火、维护、挪移、吊挂和回收。

第十三章　冲击地压危险区域排查制度

第67条　冲击危险区域排查方法主要采取经验类比法、综合指数法,并利用钻屑法对可疑地点开展进一步的验证和检查。

第68条　冲击危险区域隐患排查分为日排查、旬排查、月排查,分别根据矿井月度生产计划,由总工程师、防冲副矿长和防冲副总工程师组织防冲管理科进行排查。

第69条　冲击危险区域隐患排查必须建立台账,由专人负责,实行档案化管理。

第70条　由于生产计划调整或设计变更,造成冲击危险区域变化的,通过月度冲击地压隐患排查进行补充。

第71条　凡出现下列情况之一的,直接列为冲击危险区域:

1. 工作面回采前或该巷道掘进期间经钻屑法监测确认有冲击危险的区域;

2. 生产过程中有异常动力现象,经钻屑法监测有冲击危险的区域;

3. 邻层或本层工作面开采边界支承应力影响区域、邻层煤柱影响区域。

第72条　采掘生产过程中,采掘单位、防冲管理科要及时沟通,掌握和记录生产过程中的异常动力现象,以便准确判定冲击危险区域。

第73条　在采掘工作面监测过程中,防冲管理科要将已监测到有冲击危险的区域与预计有冲击危险的区域进行对照,对冲击地压危险区域排查划分进行分析总结,积累经验教训,为准确排查类似工作面冲击危险区域奠定基础。

第十四章　冲击地压防治安全投入保障制度

第74条　防冲安全投入包括:防冲设备、仪器购买和维修资金,防冲科研投入,防冲安全教育培训费用,冲击地压防治费用等。

第75条　编制矿井中长期防冲规划、年度防冲计划时,必须充分预算防冲资金并列入年度安全费用使用计划。

第76条　矿井主要负责人应保证防冲管理的各项资金足额、规范、使用到位。

第77条　对防冲设备、仪器、材料的购买和维修进行管理,未经总工程师、防冲副矿长批准不能擅自发放,更不能挪作他用。

第78条　防冲专项资金必须用于防治冲击地压的项目,保证防冲(矿压)仪器、仪表购置以及技术改造等方面的基本投入,做到专款专用。

第79条　防冲专项资金,根据防冲管理科提出的计划和工程安排,由矿总工程师、防冲副矿长平衡防冲工作中所需要的人力、物力和资金,进行统筹安排。

第80条　针对矿井防冲工作中存在的问题和困难,应进行科研活动,矿必须保证科研所需的经费。

第81条　矿必须保证现场冲击地压防治所需的费用,应保证防冲技术支持以及防冲技术改革创新奖励等方面的资金。

第十五章　冲击地压分析制度

第82条　为强化防冲资料收集及数据分析,确保防冲资料时效性、数据真实性、分析规范有序,特制定本制度。

1. 防冲专业值班人员对当日煤粉值、微震事件频次及能量、应力在线等各种资料系统分析,形成报表。

2. SOS微震监测系统接收到大能量事件时,应立即电话联系事件发生地点,了解并记录现场动压显现情况,若现场动压显现明显,必须立即汇报防冲管理科科长或技术人员。微震事件分析结果应及时发送给各级矿领导。

3. 当井下现场发生冲击时,要及时确认冲击地压事件确切位置,向事件发生单位了解现场压力显现情况并向矿生产调度指挥中心汇报。

4. 每天汇总全天微震事件,做出防冲监测日报中微震事件分布、微震能量与推进度类比图、微震事件统计表等内容。

5. 防冲管理科技术人员对当班应力监测系统中各应力测点应力变化情况进行观测并记录。

6. 应力监测区域内出现黄色及红色预警时,及时通知科长及技术主管。

7. 应力测点达到预警指标时,防冲技术员应根据微震监测、煤粉检测、现场压力显现等情况做出初步危险性分析并报告防冲管理科科长、防冲副总工程师、防冲副矿长、总工程师。

8. 防冲管理科实行冲击地压日分析制度。防冲技术人员、值班人员将当日微震事件、应力监测、煤粉检测等情况进行统计,根据对应工作面冲击地压危险性评价研判、分析冲击地压危险程度,制作冲击地压监测日报,报经防冲管理科科长、防冲副总工程师、防冲副矿长、总工程师、矿长签字,及时告知相关单位和人员。

9. 防冲副总工程师每周召开一次分析例会,重点分析本周矿井监测预警数据变化情况,重点防冲区域、特殊地段措施针对性、有效性;并对下周防冲工作面进行预控。在分析过程中出现严重冲击危险或遇到重大决策问题,必须及时汇报分管领导,严禁不经请示妄作决定或隐瞒不报。

10. 预测到采掘工作面冲击危险性增加时,要制定针对性措施,并在次日早会上重点汇报。重点关键问题书面通知责任单位,确保现场有效管控。

第十六章 冲击地压检查、验收制度

第83条 防冲管理科负责指导、监督钻孔施工,并对措施执行情况进行检查,对钻孔施工的原始数据记录表进行收集、整理、分析,并制作报表、存档,上报和报送相关部门及领导。

第84条 现场施工防冲钻孔时,由工区技术员、安全质量管理员或工区管理人员给出钻孔施工位置及角度,工区配齐度尺或罗盘等测量工具。

第85条 防冲钻孔必须施工至措施要求深度,如见矸不能施工至规定深度时,需在钻孔附近调整角度重新再施工一个钻孔,仍然无法施工至规定深度需汇报防冲管理科,在现场牌板及原始记录表上注明原因;防冲各类钻孔未按措施施工完成或指标超过规定,不得进行采掘作业。防冲工作当班未完成,由下一班继续施工直至完成,并完成全部监测工作。

第86条 瓦安员负责监督现场措施执行情况,安全质量管理员对现场防冲卸压、监

测数据、动力效应等情况做好记录,由工区管理人员、瓦安员、安全质量管理员、施工负责人签字确认,当班上井后 2 h 内将原始记录交冲击地压监测预警值班室。

施工结束后立即将监测情况汇报冲击地压监测预警值班室;如有异常,立即停止生产,按相关管理规定进行处理。

第 87 条 采掘工区区长、技术主管对本单位施工的各类防冲钻孔每周至少验收一次,并签字确认;防冲管理科现场管理人员下井必须对所到地点当班施工钻孔进行验收;防冲管理科技术主管及以上管理人员对钻孔验收每周不少于一次;防冲副总工程师对钻孔每月验收不少于一次,验收情况现场签字确认。防冲副矿长、总工程师、矿长每月至少一次到防冲区域现场检查防冲措施落实情况。

第 88 条 当班防冲卸压、检测数据要及时记录在专用记录表上。防冲钻孔要挂牌管理,牌板填写清晰工整,记录齐全,吊挂整齐。

第 89 条 由工区技术主管建立钻孔管理台账。台账中一要记录钻孔施工位置。掘进工作面以距离迎头最近的测量点计算,外围巷道的检测孔标记以最近的测量点计算距离;采煤工作面按标定的进尺点计算。二要记录开孔位置距底板的距离。三要记录钻孔施工过程中的异常现象、钻孔深度。

防冲管理科负责整理钻孔台账、上图存档,将各类钻孔施工情况与地质测量科进行交流分析。地质测量科根据防冲钻孔资料定期分析煤层的赋存情况。

第 90 条 区域性的防冲钻孔,由地质测量科提供底图,防冲管理科将所施工的钻孔填图(注明钻孔倾角、开孔高度、孔内变化情况、孔深、孔径),在图纸上标注清楚。

第 91 条 深孔钻孔(深度大于 50 m)设计、施工,由防冲管理科在确定施工方案后,提前通知地质测量科放线。

第十七章 冲击危险区域物料、设备管理制度

第 92 条 冲击危险区域物料、设备捆绑固定制度:

1. 强冲击地压危险的区域不得存放备用材料和设备;巷道内杂物应清理干净,保持行走路线畅通。对冲击地压危险区域内的在用及临时存放的设备、管线、物品等应当采用直径大于 10 mm 的钢丝绳有效固定;物料码放高度不应超过 0.8 m;管路应当吊挂在巷道腰线以下,高于 1.2 m 的必须采取固定措施;巷帮不应悬挂物料。

2. 冲击地压煤层巷道的通信电缆应敷设为铠装电缆;电缆吊挂留有垂度。

3. 供电、供液等设备应放置在采动应力集中影响区外,距离工作面不低于 500 m,或放置于无冲击地压危险区域。

4. 中等及以上冲击危险区段的锚杆、锚索、U 型钢支架卡缆、螺栓等应采取防崩措施。

5. 冲击地压危险采煤工作面电缆槽应制作加高防护架,提高防冲击片帮效果。

6. 冲击危险区作业人员应执行远距离作业和煤壁冲击防护制度。

第十八章 冲击地压安全防护制度

第 93 条 出现过冲击动力显现的区域、评价为强冲击危险性的区域应按强冲击危险区管理。强冲击危险区必须采取强监测、强支护、强卸压、强防护措施。

1. 采取多手段、实时监测等强监测措施。

2. 采取加密锚杆锚索间排距、施工帮锚索、多重支护等强支护措施,帮锚索间距不宜大于 3 个锚杆排距。

3. 采取煤层、顶板、底板钻孔或爆破等强卸压措施,煤层卸压钻孔间距不大于 1.6 m。

4. 严重冲击危险区域作业人员必须采取特殊的个体防护措施,对人体胸部、腹部、头部等主要部位加强保护。

第 94 条　强冲击危险工作面顺槽每 300 m 设置一个防冲硐室,防冲硐室净宽、净高不小于 2 m,深度不大于 3 m,进行底板支护,采用软包防护,并设置压风、供水装置。

第 95 条　冲击地压危险区域加强支护的规定:

1. 冲击地压危险巷道应当采用具有强抗变形和护表能力的主动支护方式,严禁采用不允许围岩变形或变形、位移很小的刚性支护。

2. 冲击地压危险巷道掘进后必须及时支护,支护质量必须达到要求,支护失效的必须及时重新支护,保证施工人员在可靠的支护区作业。

3. 强冲击危险掘进工作面爆破或割煤后支护必须当班紧跟至迎头。厚煤层托顶煤巷道加大顶煤支护强度,防止顶煤冲击垮冒事故。

4. 冲击地压危险工作面顺槽超前支承压力区推广使用巷道超前支架加强支护。

5. 开切眼巷道应采用锚网索加液压单体复合支护方式,支护强度只能加强不能降低。

6. 防冲钻孔施工后损坏的金属(塑料)网应及时补网,保证护表能力。

第 96 条　冲击危险采掘工作面必须设置压风自救系统。应当在距采掘工作面 25~40 m 的巷道内、爆破地点、撤离人员与警戒人员所在位置、回风巷有人作业处等地点,至少设置 1 组压风自救装置。压风自救系统管路可采用耐压胶管,每 10~15 m 预留 0.5~1.0 m 的延展长度。

第 97 条　巷道、交叉点按规定设置避灾路线牌板。

第十九章　生产组织通知单制度

第 98 条　为防止因超能力生产造成冲击地压事故,制定生产组织通知单制度。

1. 防冲管理科根据矿井防冲能力、各区域冲击危险程度,参与编制矿井生产计划,并根据各采掘工作面冲击危险评价、开采条件、地质资料、监测预警分析等制定生产组织通知单,经防冲管理科科长、防冲副总工程师、防冲副矿长、生产副矿长、总工程师、矿长签字后,下发至采掘工区、相关机关部室。

2. 生产组织通知单每月 5 日前下发。如因冲击危险等级、地质条件等发生变化需要调整生产组织强度、生产组织节奏时,要及时下发新的生产组织通知单。

3. 各工区平稳、有序组织生产,严禁超生产组织通知单规定组织生产。

4. 防冲管理科、生产调度指挥中心、安全监察部等负有管理职能的部门加强对采掘生产能力的监督管理。

5. 各负有管理职能的部门发现采掘工区超生产组织通知单生产的,立即责令停止生产,并对当班班长、跟班干部按严重不履职考核,工区党政领导按不履职考核。

第二十章　方案设计与实施管理制度

第 99 条　为贯彻国家安全生产方针,加强和规范冲击地压防治工作,根据《煤矿安全规程》、《防治煤矿冲击地压细则》、《关于加强煤矿冲击地压源头治理的通知》（发改能源〔2019〕764号）、《国家煤矿安监局关于加强煤矿冲击地压防治工作的通知》（煤安监技装〔2019〕21号）等有关规章、制度要求，结合矿井实际，制定本制度。

第100条 冲击地压管理领导小组督导定期开展冲击地压风险评估和隐患排查工作，依据冲击地压防治岗位安全责任制度，明确冲击地压防治方案设计（改进）、实施（执行）、检查（验收）、组织（协调）的主体责任，保障本制度落实。

第101条 方案设计的编制与审批：

1. 由总工程师组织相关单位按照《防治煤矿冲击地压细则》及上级部门相关规定，编制矿井水平、煤层、采区防冲评价及设计，报集团公司审批。委托外部科研机构或院校开展防冲评价及设计，由矿总工程师组织相关单位进行审查，并将完善后的防冲评价及设计报集团公司审批。

2. 有冲击危险的采掘工作面在开采前必须进行冲击地压危险性评价及防冲设计，经矿组织相关专业进行会审，报集团公司技术负责人审批，并由集团公司批准后执行。

3. 委托外部科研机构或院校开展采掘工作面防冲评价及设计，由矿总工程师组织相关单位进行审查，报集团公司技术负责人审批，并由集团公司批准后执行。

4. 工区根据冲击危险评价、防冲设计编制防治冲击地压综合安全技术措施。

5. 由于工作面设计调整或现场条件发生变化，确需修改冲击危险评价报告、防冲设计的，修改完成后必须再次报集团公司审查备案，并修订防冲措施。

第102条 方案设计的实施：

1. 有冲击危险的采掘工作面在进行采掘活动前，必须根据防冲评价及设计编制工作面冲击地压防治安全技术措施，经各级部门审批、职工学习签字、现场落实后方可进行采掘作业。

2. 防治安全技术措施中必须明确工作面概况、冲击危险性评价结论、冲击地压危险区域划分、冲击地压监测方法、防治方法、解危卸压方法、卸压效果检验方法、安全防护方法、避灾路线等内容。

3. 涉及卸压爆破、顶板预裂爆破时，必须明确孔深、孔径、孔距、装药量、封孔长度、连线方式、起爆方法、一次起爆孔数、躲炮时间、躲炮距离等爆破参数，现场作业时严格执行"一炮三检"制度。

4. 防冲技术措施实施前必须由区队组织相关施工人员学习、签名，并严格按照措施要求施工，否则一律视为违章作业。

5. 防冲技术措施由区队主管技术员负责编制，区队负责人、班组长组织实施。

第二十一章 隐患排查制度

第103条 防冲管理科负责矿井冲击地压方面的事故隐患排查治理工作，由防冲副矿长具体负责。

防冲副矿长每半月组织一次隐患排查，对各冲击危险区域重大安全风险管控措施落实情况、管控效果及事故隐患开展排查工作，并将管控措施落实情况、管控效果及隐患排查报表上报安全监察部备案。

第104条 矿井必须强化隐患排查治理，开展排查分析工作，防冲管理科依据每周生产进度、地质条件、现场情况等进行综合分析。

第 105 条　冲击地压隐患排查必须逐头逐面进行，排查重点是冲击危险区域措施落实、现场标准化、监测预警设备、防冲装备、人员管理、物料固定等问题。

第 106 条　防冲管理科负责冲击地压隐患排查资料的整理，对排查出的冲击地压隐患立即通知相关单位进行整改。

第 107 条　防冲管理科必须对冲击地压隐患进行规范化管理、跟踪落实、定期复查、闭环管理。

第二十二章　风险评估管理制度

第 108 条　评估内容：

1. 依据冲击地压危害危险状态影响因素，煤层、工作面采掘顺序，巷道布置、支护和煤柱留设，采煤工作面布置、支护、推进速度和停采线位置等设计时，应当避免应力集中，防止不合理开采导致冲击地压发生。

2. 分析同一水平煤层冲击地压发生次数，开采深度，上覆裂缝带内坚硬厚层岩层距煤层距离，开采区域内因构造引起的应力增量与正常应力的比值关系，顶板岩层厚度特征参数，煤的单轴抗压强度，煤的弹性能指数，保护层的卸压程度，工作面距上保护层开采遗留煤柱的水平距离，工作面与邻近采空区的关系，工作面长度，区段煤柱宽度，留底煤厚度，向采空区掘进的巷道掘进头接近采空区的距离，向采空区推进的工作面接近采空区的距离，向落差大于 3 m 的断层推进的工作面或巷道接近断层的距离，向煤层倾角剧烈变化（＞15°）的褶曲推进的工作面或巷道接近褶曲的距离，向煤层侵蚀、合层或厚度变化部分推进的工作面或巷道接近煤层变化部分的距离等地质及开采条件影响因素，并分析监测工作面初次来压、周期来压和见方等回采时期矿山压力变化，及对监测参数异常做出分析、预警，严格执行微震监测、应力在线和煤粉监测临界值判定。按照《煤矿安全规程》和《防治煤矿冲击地压细则》要求进行专项风险辨识评估。

第 109 条　评估要求：

1. 风险辨识评估由分管负责人组织有关科室、生产组织单位（区队）进行。

2. 重点辨识评估作业环境、工程技术、卸压解危工程等方面存在的安全风险。

3. 编制专项辨识评估报告，有新增重大风险或需调整措施的补充完善《煤矿重大安全风险管控方案》。

4. 辨识评估结果应用于对安全技术措施编制提出指导意见。

第二十三章　工程质量管控制度

第 110 条　为进一步加大冲击地压防治工作管理力度，强化冲击地压防治工程质量管控，杜绝各类冲击地压事故的发生，确保矿井安全生产，特制定本制度。

第 111 条　一般规定：

1. 煤层进行采掘活动前或活动时，需遵守防冲工作的基本程序；在有冲击危险区域进行采掘活动时，必须执行包括防冲内容的掘进与回采作业规程、防冲专项安全技术措施要求。

2. 防冲监测系统的安装必须满足防冲技术要求、设备设施安装安全技术要求，相关单位配合防冲管理科组织施工。

3.防冲治理工程的落实,必须依据防冲设计相关技术措施要求施工,并严格执行现场施工质量审查制度。

第112条 专项制度。

1.工程质量负责制。

防冲相关工程由防冲管理科牵头组织,并例行监督、检查,执行水力致裂、煤层爆破、大直径卸压钻孔、深孔爆破、煤粉钻等防冲工程施工管理制度,并按照挂牌管理要求进行验收。防冲钻机队、采掘区队及其他单位负责施工,施工单位必须严格执行防冲工程质量管控制度,凡发现违反相关规定的,相关检查单位均有权力督促整改或加以制止、处罚。

2.防冲工程的施工:

(1)防冲钻机队为矿属防冲工程施工的主体责任单位,负责采掘工作面及矿井区域性防冲工程的施工,各采掘单位根据生产和防冲需求配备防冲施工人员,负责各自头面防冲工程的施工。

(2)现场施工防冲钻孔时,由施工单位技术员或现场负责人给出钻孔施工位置及角度,施工单位配齐度尺或罗盘等测量工具。

(3)防冲钻孔必须施工至措施规定深度,如见矸或有其他异常情况,不能施工至规定深度时,需在钻孔附近调整角度重新施工一个钻孔,仍然无法施工至规定深度时,应在原始记录表及现场施工牌板上注明原因,并汇报防冲管理科,防冲管理科通知地质部门人员到现场勘测,分析原因并做好记录;各类防冲钻孔未按措施要求施工完成、指标超过规定时,不准进行采掘作业。卸压孔施工过程中,到交接班时间仍不能完成施工的,需向下一班施工人员交接清楚,并由下一班继续施工直至完成。

(4)为便于职能部门检查巷道帮部监测孔、卸压孔,施工单位提供验孔工具。

(5)当班防冲卸压、监测数据要及时记录在专用原始记录表上。防冲钻孔要挂牌管理,牌板填写内容齐全,字体工整,字迹清晰,吊挂整齐。

(6)由施工单位主管技术员建立钻孔管理台账,台账主要内容有:钻孔施工单位、时间、地点、编号、位置;钻孔的施工深度、煤粉量、施工人及验收人或施工负责人等相关内容;钻孔施工过程中的异常现象;防冲工程要严格按照比例上图管理,并做到逐日上图,形成正式的防冲工程图。

(7)防冲工程的验收严格执行"四级验收"制度,验收人员在原始记录表签字,并对验收结果负责。

第二十四章 防冲机具管理制度

第113条 防冲钻机的配置原则。

1.钻屑法检测用的风煤钻:

(1)每个煤巷掘进工作面至少配备2台风煤钻,1用1备。

(2)综采面的材料道和刮板输送机道至少各配备1台风煤钻,并保证完好。

2.施工卸压孔的钻机:

(1)强冲击危险区域:煤巷掘进工作面配备2台CMS1-6200/80矿用深孔钻车。综采工作面两道各配置1台CMS1-6200/80矿用深孔钻车,并各备用1台气动钻机,备用1个旋转总成。

（2）中等冲击危险区域：煤巷掘进工作面配备 1 台 CMS1-6200/80 矿用深孔钻车，并备用 1 台气动钻机。综采工作面两道各配置 1 台 CMS1-6200/80 矿用深孔钻车，并各备用 1 台气动钻机。

第 114 条 防冲钻具管理及检修制度：

1. 防冲钻机、钻具的费用计划从防冲安全费用中列支，防冲管理科要做好年度安全费用的申报和专项预算工作。

2. 防冲钻机队根据配置规定并参照施工单位现有钻机数量，按月上报购进计划。配给各施工单位后，对已达到使用年限或没有修理价值的钻机，由防冲钻机队提出申请，经矿相关部门鉴定后报经矿领导批准予以更换或报废。

3. 为保证正常使用和及时更换，防冲钻机队仓库备用直径 73 mm 深槽双螺旋钻杆不少于 200 根，直径 50 mm 钻杆不少于 200 根，直径 42 mm 钻杆不少于 200 根，直径 40 mm 麻花钻杆不少于 200 根，直径 76 mm 钻杆不少于 100 根，配套钻头充足。防冲钻机队负责执行以旧换新工作，并建立台账，每月进行汇总，由防冲管理科进行不定期抽查。防冲钻机队负责上报月度各类防冲钻具钻杆、配套钻头及备品配件计划，月度计划始终要保持各类钻杆及钻头的库存量。

4. 防冲钻机入库前要进行联合验收，届时由防冲管理科、防冲钻机队和矿设备管理员等人员联合验收。

5. 防冲管理科按照防冲设计要求，安排相关施工单位进行钻机领取。施工单位按规定办理领用手续，由防冲管理科签字确认后，施工单位材料管理员到防冲钻机队进行领用。

6. 防冲钻机队建立防冲钻机钻具、备品配件的发放、回收记录台账，并按月进行汇总。施工单位建立防冲钻具台账、领用记录，每月进行汇总，由防冲管理科进行不定期抽查。

7. 从设备仓库领取的钻机在入井前，要在钻机房进行性能测试，测试时全面检查各部件完好情况，钻机性能完好时方可下井使用。防冲钻机队要提前准备好各类钻机钻具，并保证钻机钻具符合相关规定要求。

8. 使用过程中钻机配件的领用，由使用单位根据维修需要，上报防冲管理科，核实后签字确认，使用单位材料管理人员到防冲钻机队领取配件。

9. 各施工单位使用的防冲钻机钻具及配件，包括施工卸压孔、钻屑检测孔和爆破钻孔使用的钻杆、钻头等，执行以旧换新制度。

10. 因煤炮和动压显现等各类情况造成丢钻杆时，应由现场瓦安员在原始记录上签字证实，并上报冲击地压监测预警值班室，以此更换。施工单位负责在丢失钻杆位置进行挂牌管理，并将具体情况记录在钻孔施工原始记录上，报防冲管理科。

11. 使用单位依据现场瓦安员签字确认因钻孔动力现象导致孔内卡丢钻杆的凭证，由防冲管理科签字同意后，由施工单位材料管理员到防冲钻机队领取新钻杆。

12. 井下使用的钻机，要做到上架码放、挂牌管理（备用钻机、钻具要使用塑料布包裹，不准随意乱扔乱放）。对质量超过 100 kg 不能上架的钻机钻具，在巷道宽阔段靠帮放置，钻机的底部加垫道木等垫平整，钻机管路接口要进行封堵、卫生达标，养护符合规范规定。对长期不使用的钻机,要升井交到钻机房进行维修保养。

13. 防冲钻机使用前要对各润滑部位进行加油并试运转。使用前的安全检查和试运转由使用单位指派专人进行,瓦安员现场进行监督。

14. 防冲钻机的使用由当班管理人员负责管理,使用后要保持清洁。每班要安排专人对钻机进行维修、保养,并建立维修、保养记录。

15. 防冲钻杆、钻头的现场管理由使用单位当班管理人员负责。使用后的钻杆要存放在指定位置。损坏的要单独放整齐,严禁出现混放,集中安排回收。在施工钻孔时,如出现卡、丢钻杆时,要及时汇报冲击地压监测预警值班室。当现场备用钻杆数量不足时,要及时向单位主管汇报,以便及时解决。

16. 基层单位使用的防冲机具由单位主管负责管理,现场管理由当班管理人员负责。

17. 钻具日常检修原则。

(1) 日常检修的原则:谁使用谁检修、谁主管谁负责。

(2) 日常检修的任务:使用单位安排专人负责日常维(检)修保养工作,并确保钻机性能完好。

(3) 日常检修质量要求:遵照《煤矿机电设备检修质量标准》、《矿井机电设备完好标准》和《煤矿安全规程》等规定进行检修。

(4) 使用单位建立日常保养检修制度,建立日常保养检修记录。

18. 钻机日常检修要求:

(1) 使用单位须明确钻机日常检修负责人。使用单位管理人员必须每天安排专业人员对钻机进行维修保养,并将检修内容及更换配件情况记录在册。

(2) 检修人员在检修前需将所需工具、配件等带齐全。重要部件还要有图纸或技术文件。

(3) 使用单位区长和技术员要定期检查钻机维修情况,发现问题及时安排处理。

(4) 检修人员在检修钻机时出现当场不能处理的故障或隐患时,必须及时汇报单位及防冲钻机队,由钻机队安排专职人员进行故障隐患排除。

第二十五章　冲击地压防治激励机制

第115条　为进一步提升矿井冲击地压防治工作力度,强化矿井冲击地压综合防治,规范工作流程,细化防冲管控,杜绝冲击地压事故的发生,特制定本激励机制考核办法。

第116条　对冲击地压防治效果显著的单位,对冲击地压防治贡献大、效果显著的有功人员,对推广新技术、新装备效果显著的防冲人员进行奖励,由防冲管理科申请,经矿办公会研究通过后执行。

第二十六章　考核制度

第117条　为了推进防冲重点工作落实兑现,对工作落实进展缓慢、推进不力的,由防冲管理科下发督导通知单,规定责任单位完成时间及工程质量要求,对逾期未完成的,根据责任大小进行考核。

第118条　冲击地压防治过程中,有下列行为的,均按"三违"进行处理:

1. 防冲管理站管理员擅离岗位,未对进出人员进行登记或登记人员与实际不相符,防冲区域内作业人员超过规定的;

2. 现场不服从防冲管理人员管理、指挥的；

3. 规程、措施执行不到位，参数与措施不相符的；

4. 防冲施工原始记录台账不齐全，记录缺项的；

5. 存在冲击地压隐患未及时整改擅自组织生产的；

6. 冲击地压施工过程中不按规程、措施施工，施工原始数据弄虚作假的；

7. 故意破坏冲击地压监测预警系统、设备的；

8. 冲击地压原始记录假填、造假、代签字的；

9. 现场不执行防冲各项管理措施，故意违反防冲各种管理规定的。

第 119 条 冲击危险区域现场必须严格按防冲措施要求进行防冲治理，服从防冲管理人员、瓦安员指挥、监督，违反相关规定或不服从指挥的，考核责任人 200 元。

第 120 条 个体防护用品使用管理考核制度：

1. 个体防护用品由各使用单位主管领导签字申请，安排专人向防冲管理科上报审批，经矿领导签字同意后进行发放。各单位建立防冲个体防护用品领用保管制度，建立健全管理台账，实行专人管理。井下防护用品设专门安置地点，设专人负责管理，保持防护用品完好、整洁。

2. 单位主管领导在领用票据上未签字的，一律不予发放，并考核领用单位党政主管各 50 元/次，考核领用人 50 元/次。井下未设置专用放置地点的，考核使用单位党政主管、技术主管各 100 元/天；井下防护用品未保持整洁，出现脏污和破损的，考核责任人 50～100 元/件，出现丢失、损坏的，使用单位按原价进行赔偿，考核使用单位党政主管、技术主管各 50 元/件；使用单位未建立、健全管理台账，未指定专人进行管理的，考核党政主管、技术主管各 50 元/天。

第 121 条 防冲钻机、钻具维护保养考核制度：

1. 防冲钻机实行日检、周检、月检制度，钻机上井统一进行维修保养，防冲钻机配件建立健全管理台账，防冲管理科不定期进行检查。

2. 未建立健全日检、周检、月检制度的，考核使用单位管理人员各 50 元/天；未设专人进行钻机维修、保养的，未建立钻机维修制度的，考核使用单位管理人员各 50 元/天；未建立健全钻机维修、使用、管理台账的，考核钻机管理人员 50 元/天；钻机材料配件备用量不足 30％的，考核钻机管理人员 50 元/天；钻机上井未及时进行检修，造成地面没有备用钻机的，考核钻机管理人员 50 元/天。

3. 防冲钻机的使用由当班管理人员负责管理，使用后要保持清洁。每班要安排专人对钻机进行维修、保养，发现钻机卫生较差，乱扔乱放，未按规定上架码放捆绑，缺连接件、管路部件老化或转动困难等未及时解决仍然在使用的，考核当班管理人员、操作施工人员 100 元/人。

4. 防冲钻杆的现场管理由当班管理人员负责。使用完的钻杆要存放在指定位置，不能使用的要存放整齐，集中安排升井（使用完后，及时回收）。在施工钻孔时，如出现钻杆卡死时，要及时汇报生产调度指挥中心、防冲监控中心。当现场钻杆数量不足措施规定时，要及时汇报，以便及时解决。对不按此规定办理，现场因钻杆数量不足而影响生产或乱扔乱放钻杆时，考核当班管理人员 100 元/人。

5. 施工过程中,出现钻杆卡死时,要立即汇报生产调度指挥中心、防冲监控中心。未及时进行汇报的,考核带班管理干部、带班班长、钻机施工人员各 100 元/次;钻机、钻杆施工结束后,要及时回收上井,未及时回收上井的,考核责任单位党政主管各 100 元/次。

6. 防冲钻机、钻具由使用单位管理。使用单位不仅要确保钻机、钻具完好,还要管好、用好防冲钻机、钻具,接受各级管理人员的监督考核。对因管理不到位而造成后果的,追究使用单位负责人、当班管理人员、机电负责人和相关人员的责任,视情节分别给予 100~300 元/次考核。因钻机故障,影响防冲工作进度的,考核钻机维护员 100 元/次。

7. 把防冲钻机、钻具的管理纳入安全检查项目中。施工区队的管理人员必须对防冲钻机、钻具进行检查,对查出的问题必须当班处理,瓦安员要重点监督落实情况。钻机存在故障仍继续作业的,对当班打钻负责人、班长、安全质量管理员各考核 100 元/次。

8. 地面维修钻机由钻机队队长安排专人进行,维修要及时并确保维修质量。未及时进行检修,耽误井下生产的,考核钻机队队长 200 元/次,考核检修责任人 100 元/次;情节严重的,由防冲管理科追查分析,并按生产管理规定进行处理。

9. 现场使用的防冲钻头由当班管理人员负责管理。对因更换施工地点造成钻头丢失或因管理松懈出现乱扔乱放现象时,考核当班班长 100 元/次。

10. 现场使用的钻杆要分类码放整齐、上架、固定,出现乱扔乱放现象时,对责任人考核 100 元/次。当发现钻杆或钻头被运到外部或丢至矸石山时,由物供公司组织追查、分析,对责任人给予通报考核处理。

11. 防冲钻头执行以旧换新制度,使用单位区长要安排专人负责各类防冲钻头的日常库存、统计和以旧换新工作,要建立健全防冲机具管理台账。未设专人负责管理的、未建立健全防冲机具管理台账的,考核责任单位党政主管及责任人各 100 元/人;未及时进行以旧换新,影响生产的,考核党政主管及责任人各 100 元/人。

12. 钻车操作人员必须熟悉钻车的性能,施工前必须检查钻车的完好情况及各油路、油管、油量正常情况,不得野蛮操作,以防损坏设备,丢失钻杆、钻头。因排查不细或野蛮操作造成钻机损坏等后果的,考核当班班长、施工人员各 100 元/次。

第 122 条 防冲设备、设施管理及维护:

1. 各单位所属区域的监测设备、设施、线路出现人为破坏的,由管理单位按照双倍进行赔偿,考核党政主管各 100~500 元;造成监测系统失效、情节严重的加倍考核,对党政主管追究履职责任。

2. 因单位施工,造成监测线路中断(故障、通信中断、停电中断)的,施工单位必须在 2 h 内恢复,否则考核责任单位党政主管及责任人 200 元/次。

3. 各单位所负责区域的设备仪器、线路每月出现 2 次以上人为故障的,考核区域单位党政主管及责任人各 200 元。

4. 防冲管理科下发的隐患整改通知单,各责任单位须在规定时间内整改完成,否则考核责任单位党政主管及责任人各 100 元/次。

5. 防冲区域内需安装防冲设备、设施的,责任单位必须按规定要求时间内安装完成,因设备安装、管理不到位,影响矿井防冲监测数据提供的,考核责任单位党政主管及责任人各 200 元/次。

6. 现场防冲卸压、检测机具不齐全、工具不标准的,考核区长 50 元/件;因缺少卸压、检测机具,造成防冲工作无法正常开展的,考核区长 200 元/次;连续两次,跟班干部、区长按不履职考核。

第 123 条 防冲原始记录、各类台账:

1. 各单位井下防冲原始记录、台账由施工单位指定专人进行记录、上报,记录表中的数据要真实、有效、完整。各单位防冲原始记录、台账,施工当天要及时、如实上报,不得有任何延迟、隐报、瞒报、错报、漏报现象发生,各单位党政主管、技术主管负责确保记录、台账的及时、真实。

2. 各单位井下防冲原始记录、台账未指定专人记录、上报,出现延迟、隐报、瞒报、错报、漏报、不完整现象的,考核施工责任人、验收人员各 100 元/次,考核责任单位技术主管 50 元/次。

3. 钻屑法监测记录表、卸压钻孔原始记录表、煤层高压注水与顶板预裂爆破表格未按标准格式填写的,考核跟班干部、验收人员、施工人员各 100 元/次。各类报表中验收人员、瓦安员、跟班干部未签字或代签字的,考核责任人 50 元/次。各类防冲钻孔施工、验收过程中出现故意造假现象(打假孔、填写假记录)的,对施工负责人按集团公司高压红线处理。

第 124 条 防冲区域物料固定、存放:

1. 冲击危险区域内所有物料、设备、设施均要上架码放,高度不得超过 0.8 m,全部用直径大于 10 mm 的钢丝绳进行固定,长度大于 1 m 的物料固定 2 道。对物料固定不牢、不紧、元宝卡松动的,考核责任人 50 元/处;连续 3 处固定不合格的考核技术主管 100 元/次;连续 5 处物料固定不合格的,考核党政主管、技术主管各 200 元/天。强冲击危险区域不得存放备用物料、设备,否则考核党政主管各 100 元/次。

2. 风水管路吊挂高度大于 1.2 m 时全部用 3 分钢丝绳固定在帮部托梁或锚杆上,间距不大于 10 m。对固定不牢、不紧、元宝卡松动的,考核责任人 50 元/处;连续 3 处固定不合格的,考核党政主管、技术主管 100 元/次;连续 5 处物料固定不合格的,考核党政主管、技术主管各 200 元/次。

第 125 条 安全防护相关考核制度:

1. 冲击危险区域的采掘工作面均需按《煤矿冲击地压防治细则》要求设置压风自救装置,每缺一处考核党政主管各 100 元;未按标准要求进行检查、维护压风自救装置,未设置记录台账,未及时填写各项记录的,考核责任人及责任人所在单位党政主管各 50 元。

2. 未按规定路线设置冲击地压避灾路线、分段定级、爆破警戒点、钻屑、卸压、应力在线、微震监测牌板的,每块考核工区技术主管 50 元。

3. 有冲击危险的掘进工作面和采煤工作面上下出口向外 300 m 范围巷道锚杆、锚索采取防崩措施,对锚杆(锚索)头不固定的,考核区长 100 元/天;固定不牢的,考核责任人 50 元/处;连续 3 处固定不合格的,考核技术主管 100 元/天。

4. 在评价为强冲击危险区域或防冲管理科规定的其他冲击危险区域未穿防冲服、戴防冲击头盔或穿戴不整齐、不规范的,考核责任人 50 元/次;超过 3 人的,考核党政主管 100 元。

第 126 条　防冲措施相关考核制度：

1.防冲措施执行不到位，如出现漏检，钻孔参数与措施不符，未使用标准测量、称重量具，未按规定称量煤粉等情况，考核当班跟班干部、班长、安全质量管理员100 元/人；每漏检 1 次，区长、技术主管按不尽职考核；不按措施规定时间监测，考核技术主管 200 元/次。

2.各单位现场施工防冲卸压过程中必须按措施设计施工，不得随意更改措施的要求，未按措施规定要求施工的，考核当班班长、施工人员各 200 元/孔，情节严重的，追究相关人员责任。

3.实施卸压爆破，装药前未确认钻孔深度及钻孔质量的，考核爆破工 100 元/次；爆破孔封孔长度、躲炮时间、距离、爆破区域保护等事项违反措施规定的，每项考核班长、跟班管理人员各 200 元/次。

4.现场地质、开采条件或施工工艺、设备发生变化未及时补充措施的，考核工区技术主管 100 元/次。

5.审批的防冲措施 2 d 内未报送防冲管理科的，考核工区技术主管 50 元/次。

第 127 条　煤层高压注水考核办法。

1.钻孔施工。

(1)采掘工作面必须按照措施要求施工注水钻孔，否则考核责任单位党政主管各200 元/次，并组织补打。如现场条件不具备，必须提前进行现场会审，由防冲管理科进行现场确认。

(2)钻孔深度：

① 遇地质构造等因素导致钻孔深度达不到设计位置、深度的，现场由防冲管理科人员进行确认后，可不再施工。

② 因钻孔角度问题，导致钻孔施工深度达不到钻孔设计深度的，需调整角度后重新补打，并考核当班班长及施工人员各 100 元/孔。

③ 如施工钻孔过程中因孔内动力现象明显，导致钻杆卡死，需重新施工钻孔。

施工单位对所施工的注水钻孔起钻后立即进行封孔，最迟推至下一圆班，否则考核责任人 100 元/孔。未按封孔工艺进行封孔或封孔质量不达标的，考核当班班长及责任人各100 元/孔。

(3)使用 ZQJC-360/7.1 气动架柱式钻机施工钻孔必须使用外喷，未按规定使用外喷或外喷使用不合格的，考核现场施工人员 50 元/次。

2.注水要求：

(1)未按措施要求开展注水工作的，考核单位区长 100 元/天。注水压力、注水次数、注水量等达不到要求的，每项考核技术主管 50 元/次；注水记录牌板未填写或填写错误、注水记录未交防冲管理科的，考核工区技术主管 50 元/次、责任人考核 50 元/次。

(2)注水时应记录注水压力、时间、注水量、注水人员，及时填写注水记录和注水孔管理牌板，并做好台账，做到注水记录、牌板与台账一致，未及时填写或填写错误的，考核注水责任人 50 元/次。

(3)注水设施要有专人管理、维护，要建立、健全检修记录台账，及时登记，损坏时应及时维修、更换。无专人管理的,考核区长 100 元。

（4）注水时间一般以煤壁渗水为止,每天开展高压注水工作。当天未正常开展的,考核区长、当班班长各 100 元。

（5）对不执行高压注水的采掘工作面,按停头停面处理,并对当班管理人员、班长各考核 100 元。

（6）配合防冲管理科完成含水率测试取样工作,采掘工区不积极配合取样的,考核当班班长 50 元/次。

（7）每天 17:30 前由施工单位技术人员或安全质量管理员将当天防冲工作原始记录上报至防冲管理科,未及时上报的,考核责任人 50 元/次。

第 128 条 防冲管理站设置、管理及限员:

1. 未按规定、标准、要求设置防冲管理站、防冲警戒门的,考核党政主管、技术主管各 100 元/次。

2. 管理员未按照冲击危险区域限员制度执行人员出入管理的,考核当班班长、跟班干部各 100 元/次。

3. 冲击危险区域人员数量超过规定的,考核单位党政主管各 50 元/人。

4. 进出防冲管理站未按规定签字的,考核责任人及责任人所在单位党政主管各 50 元/人。

5. 出入防冲管理站的人员,拒不服从管理员管理的,考核责任人 200 元/次,考核单位主管各 100 元/次;情节严重的按"三违"处理。

第 129 条 各单位技术主管或技术员必须严格执行防冲会议制度,无故缺席的,考核 100 元/次,迟到考核 50 元/次;会议安排工作不落实、落实不到位的,每项考核 100 元;未按期落实的,每推迟 1 d,考核 50 元。

第 130 条 矿压观测相关考核制度:

1. 采掘工区各种监测图表必须及时报送,否则考核技术主管 50 元/次,推迟一天考核 50 元/次。

2. 顶板离层仪、巷道围岩观测站未按规定设置或设置不合格的,考核技术主管 100 元/处。

3. 顶板离层量、巷道围岩变形量观测以及锚杆、锚索抗拉拔力检测定期开展,未按规定开展工作的,每推迟一天或一次,考核技术主管 50 元/处。

4. 各单位使用的仪器仪表必须妥善保管,以旧换新,不得损坏丢失,否则按价赔偿,并考核技术主管 100 元/次。

5. 观测及填写数据必须及时、准确,不得弄虚作假,未及时观测、填写的,考核技术主管 50 元/处。

6. 各采掘工区必须按规定配备监测图牌板,缺少图牌板的,考核技术主管 50 元/块。

7. 如顶板离层仪、围岩观测站、现场记录牌板丢失、损坏,2 d 内未及时进行处理的,考核责任单位技术主管 50 元/处。

第 131 条 瓦安员未按规定向冲击地压监测预警值班室汇报的,考核责任人 50 元/次。

第 132 条　采掘工区推进速度超过生产组织通知单要求的,考核单位区长 200 元/次。

第 133 条　各单位相关人员未按规定执行钻孔验收制度的,考核 100 元/次。

第 134 条　微震超预警值事件漏报、瞒报的,每次对责任人考核 100 元;出现大的动力现象,相关人员未到现场的,每次考核 200 元。

第 135 条　每周防冲专业解剖式检查,问题未及时整改、闭环的,考核责任人、党政主管各 50 元/天。

第 136 条　本规定自即日起执行,解释权属张双楼煤矿。

9 主 要 结 论

本书研究了徐州矿区深井冲击地压的特点、控制因素和机理,探索适合徐州矿区的深井冲击地压预测、防治以及管理方法,能够有的放矢,极大地提高防冲效率,保证矿区的绿色安全开采与可持续发展。通过理论分析、实验室实验、数值计算、现场工业性试验等手段系统分析了徐州矿区千米深井冲击地压机制,建立了相应的防控技术体系,取得了大量创新性成果,为指导徐州矿区防治冲击灾害奠定了重要基础。本书得到的主要结论如下:

(1)统计结果分析,煤层上方的坚硬顶板以及覆岩结构特征对冲击地压具有较大的影响,徐州矿区深井冲击地压具有显著的坚硬顶板型冲击地压特点。

(2)多煤层联合开采过程中,上覆煤层遗留煤柱在下伏煤层中造成的应力集中系数可达 10.0 以上,下伏煤层进出煤柱阶段应力梯度高,是强冲击危险区域。

(3)进入深部开采后,覆岩关键层易于形成多层空间结构,覆岩空间结构呈现"Π-F-T"模式演化,从而在工作面开采时会出现多次"见方"效应。

(4)进入深部开采后,煤岩体极易受到爆破、顶板运动等震动波动载的诱发作用发生冲击地压显现,动静载耦合诱冲模式显著。

(5)徐州矿区千米深井冲击地压的主要影响因素有坚硬顶板破断运动、多煤层联合开采形成的遗留煤柱、上下山煤柱、巷道交叉与转折、震动动载诱发等。

(6)基于现场微震等监测数据,提出了徐州矿区千米深井冲击地压模式为静载应力与动载应力波耦合作用下的复合型冲击地压。

(7)基于断裂损伤学,系统研究了动载应力波、动载应力波与静载应力耦合作用对煤岩体的冲击破坏机理。① 静载应力作用下,煤岩体具有裂纹扩展的优势方向,损伤只在局部较小范围内发生;只有局部方向长度超过临界长度的裂纹才能扩展,使煤岩体产生损伤;增大垂直方向与水平方向的差应力,可增大裂纹扩展范围。② 应力波作用下,应力大小及方向随时间改变,裂纹扩展优势方向也随时间改变,增大了煤岩体损伤范围,应力波幅值越大、频率越低、持续时间越长,煤岩体损伤越大。应力与应力波组合作用时,高应力条件下,静载应力主要提供冲击破坏的能量,应力波主要起触发损伤的作用;低应力条件下,应力波既触发损伤破坏,又提供破坏所需的大部分能量。应力波作用下,煤岩体表现出损伤加剧、结构面产生解锁滑移、自由面附近产生反射拉应力等破坏失稳现象。③ 震动对煤体的破坏主要有 4 个作用:入射波与反射波的致裂作用、应力波冲击作用、应力波作用时间极短的闭锁作用与震动波作用下的层裂板结构共振效应。

(8)建立了综合函数来表示应力、能量、震动共振因素的作用。该函数关系式可作为静载应力与动载应力波耦合作用下煤体发生冲击地压的判据。

(9)模拟了不同应力与应力波组合加载条件下煤体的破坏发展规律。结果表明,应力与应力波组合后对煤体的作用并不能简单地等效为叠加后应力对煤体的破坏,应力波组合中静载应力的作用更大。在组合应力相同的情况下,高应力和低应力波组合方式的冲击危险性要高于低应力和高应力波组合方式。

(10) 制定了《冲击地压危险采区设计与实施规范》。根据徐矿集团所属煤矿的冲击危险矿井开采煤层(山西组煤层)的冲击危险性现状,研究制定了所属煤矿安全开采所需要的采区防冲设计规范,为后期徐州矿区煤矿的深部开采提供科学参考和防冲指导。

(11) 针对徐州矿区多煤层上下山采区式开采方法,提出了深部多煤层采区全区域无煤柱卸压开采防冲技术,以及多/单煤层采区主系统卸压煤柱转移开采防冲技术,能够实现整体区域卸压,保护冲击危险性较大的 9 煤上、下山巷道。

(12) 提出了徐州矿区冲击危险早期评价的整体定性、多因素耦合指数法分段定级技术。在综合指数法的基础上,结合徐州矿区千米深井的特点,制定了基于综合指数法的整体定性评价方法,以及基于多因素耦合指数法的分段定级技术,从而在区域范围内对规划开采区域的冲击危险性进行早期评价与预警。

(13) 基于动载应力波与静载应力耦合诱冲机制,建立了徐州矿区冲击危险立体监测预警体系,即进行震动场-应力场的联合监测,空间上形成矿井区域监测—采掘工作面局部监测—应力异常区点监测,时间上形成早期评价—长期预警—即时预报体系。

(14) 研究了基于震动波 CT 反演的冲击危险动态区域预警技术,建立了震动波 CT 反演预测冲击危险的评价模型与指标体系。

(15) 建立了基于远程平台的专家会诊机制。通过远程在线监测技术,将徐州矿区的井下监测信息及时反馈给专家决策人员,使得集团领导和冲击地压方面的专家能够及时掌握矿井安全生产动态信息,针对危险情况及时采取有效的防治措施。

(16) 在冲击地压防治的强度弱化减冲理论基础上,考虑徐州矿区千米深井冲击地压特点与控制因素,建立了徐州矿区千米深井冲击地压危险防治体系与卸压解危技术体系。

(17) 提出了深部冲击地压矿井区域应力场优化防冲技术。针对千米深井冲击特点,改变原有以监测治理为主的解危防冲思路,研究区域应力场超前预调控、消除或减弱冲击危险的防冲新思路,提出了"三维应力场优化防冲技术",实现了超前性、全区域的"灾源消除"。

(18) 开发了巷道掘进"人造保护层"技术、超深孔大直径钻孔卸压技术、断层构造的深孔爆破释能技术、巷道加强支护防冲技术、顶板定向高压水力致裂技术、沿空巷道小孔密集爆破切顶护巷技术等,在徐州矿区应用后效果显著。

参 考 文 献

[1] 阿维尔申.冲击地压[M].朱敏,汪伯煜,韩金祥,译.北京:煤炭工业出版社,1959.

[2] 布霍依诺.矿山压力和冲击地压[M].李玉生,译.北京:煤炭工业出版社,1985.

[3] 布雷迪,布朗.地下采矿岩石力学[M].冯树仁,佘诗刚,朱祚铎,等译.北京:煤炭工业出版社,1990.

[4] 蔡武.断层型冲击矿压的动静载叠加诱发原理及其监测预警研究[D].徐州:中国矿业大学,2015.

[5] 曹安业,范军,牟宗龙,等.矿震动载对围岩的冲击破坏效应[J].煤炭学报,2010,35(12):2006-2010.

[6] 曹安业.采动煤岩冲击破裂的震动效应及其应用研究[D].徐州:中国矿业大学,2009.

[7] 陈国祥.最大水平应力对冲击矿压的作用机制及其应用研究[D].徐州:中国矿业大学,2009.

[8] 成云海,姜福兴.冲击地压矿井微地震监测试验与治理技术研究[M].北京:煤炭工业出版社,2011.

[9] 戴俊.岩石动力学特性与爆破理论[M].北京:冶金工业出版社,2002.

[10] 窦林名,何江,曹安业,等.煤矿冲击矿压动静载叠加原理及其防治[J].煤炭学报,2015,40(7):1469-1476.

[11] 窦林名,何学秋,王恩元,等.由煤岩变形冲击破坏所产生的电磁辐射[J].清华大学学报(自然科学版),2001,41(12):86-88.

[12] 窦林名,何学秋.冲击矿压防治理论与技术[M].徐州:中国矿业大学出版社,2001.

[13] 窦林名,何学秋.煤矿冲击矿压的分级预测研究[J].中国矿业大学学报,2007,36(6):717-722.

[14] 窦林名,贺虎.煤矿覆岩空间结构OX-F-T演化规律研究[J].岩石力学与工程学报,2012,31(3):453-460.

[15] 窦林名,陆菜平,牟宗龙,等.煤矿围岩控制及监测技术[M].徐州:中国矿业大学出版社,2014.

[16] 窦林名,牟宗龙,曹安业,等.冲击矿压防治技术[M].徐州:中国矿业大学出版社,2021.

[17] 窦林名,牟宗龙,曹安业,等.煤矿冲击矿压防治[M].北京:科学出版社,2017.

[18] 窦林名,牟宗龙,陆菜平,等.采矿地球物理理论与技术[M].北京:科学出版社,2014.

[19] 窦林名,赵从国,杨思光.煤矿开采冲击矿压灾害防治[M].徐州:中国矿业大学出版社,2006.

[20] 窦林名,邹喜正,曹胜根,等.煤矿围岩控制[M].徐州:中国矿业大学出版社,2010.

[21] 范军.煤矿定向割缝高压水力致裂防冲机理研究[D].徐州:中国矿业大学,2014.

[22] 费鸿禄,徐小荷.岩爆的动力失稳[M].上海:东方出版中心,1998.

[23] 高明仕.冲击矿压巷道围岩的强弱强结构控制原理[M].徐州:中国矿业大学出版社,2011.

[24] 巩思园,窦林名,何江,等.深部冲击倾向煤岩循环加卸载的纵波波速与应力关系试验研究[J].岩土力学,2012,33(1):41-47.

[25] 巩思园,窦林名,徐晓菊,等.冲击倾向煤岩纵波波速与应力关系试验研究[J].采矿与安全工程学报,2012,29(1):67-71.

[26] 巩思园,窦林名.煤矿冲击矿压震动波 CT 预测原理与技术[M].徐州:中国矿业大学出版社,2013.

[27] 巩思园.矿震震动波波速层析成像原理及其预测煤矿冲击危险应用实践[D].徐州:中国矿业大学,2010.

[28] 郭晓强.厚煤层临空区巷道外错布置防冲技术研究[D].徐州:中国矿业大学,2012.

[29] 国家煤矿安全监察局.防治煤矿冲击地压细则[M].北京:煤炭工业出版社,2018.

[30] 何江,窦林名,贺虎,等.综放面覆岩运动诱发冲击矿压机制研究[J].岩石力学与工程学报,2011,30(增刊 2):3920-3927.

[31] 何江.煤矿采动动载对煤岩体的作用及诱冲机理研究[D].徐州:中国矿业大学,2013.

[32] 何满潮,钱七虎,等.深部岩体力学基础[M].北京:科学出版社,2010.

[33] 贺虎,窦林名,巩思园,等.冲击矿压的声发射监测技术研究[J].岩土力学,2011,32(4):1262-1268.

[34] 贺虎,窦林名,巩思园,等.高构造应力区矿震规律研究[J].中国矿业大学学报,2011,40(1):7-13.

[35] 贺虎.煤矿覆岩空间结构演化与诱冲机制研究[D].徐州:中国矿业大学,2012.

[36] 黄庆享,高召宁.巷道冲击地压的损伤断裂力学模型[J].煤炭学报,2001,26(2):156-159.

[37] 姜耀东,潘一山,姜福兴,等.我国煤炭开采中的冲击地压机理和防治[J].煤炭学报,2014,39(2):205-213.

[38] 姜耀东,赵毅鑫,宋彦琦,等.放炮震动诱发煤矿巷道动力失稳机理分析[J].岩石力学与工程学报,2005,24(17):3131-3136.

[39] 姜耀东,赵毅鑫.我国煤矿冲击地压的研究现状:机制、预警与控制[J].岩石力学与工程学报,2015,34(11):2188-2204.

[40] 井广成,曹安业,窦林名,等.煤矿褶皱构造区冲击矿压震源机制[J].煤炭学报,2017,42(1):203-211.

[41] 康红普,等.煤岩体地质力学原位测试及在围岩控制中的应用[M].北京:科学出版社,2013.

[42] 蓝航,齐庆新,潘俊锋,等.我国煤矿冲击地压特点及防治技术分析[J].煤炭科学技术,2011,39(1):11-15.

[43] 李明,茅献彪,茅蓉蓉,等.基于尖点突变模型的巷道围岩屈曲失稳规律研究[J].采矿与安全工程学报,2014,31(3):379-384.

[44] 李铁,蔡美峰,孙丽娟,等.强矿震地球物理过程及短临阶段预测的研究[J].地球物理学进展,2004,19(4):961-967.

[45] 李铁,冀林旺,左艳,等.预测较强矿震的地震学方法探讨[J].东北地震研究,2003,19(1):53-59.

[46] 李夕兵,古德生.岩石冲击动力学[M].长沙:中南工业大学出版社,1994.

[47] 李晓红,卢义玉,康勇,等.岩石力学实验模拟技术[M].北京:科学出版社,2007.

[48] 李玉,黄梅,廖国华,等.冲击地压发生前微震活动时空变化的分形特征[J].北京科技大学学报,1995,17(1):10-13.

[49] 李玉,黄梅,张连城,等.冲击地压防治中的分数维[J].岩土力学,1994,15(4):34-38.

[50] 李志华.采动影响下断层滑移诱发煤岩冲击机理研究[D].徐州:中国矿业大学,2009.

[51] 刘鸿文.材料力学Ⅱ[M].4版.北京:高等教育出版社,2004.

[52] 陆菜平,窦林名,曹安业,等.深部高应力集中区域矿震活动规律研究[J].岩石力学与工程学报,2008,27(11):2302-2308.

[53] 陆菜平,窦林名.煤矿冲击矿压强度的弱化控制原理[M].徐州:中国矿业大学出版社,2012.

[54] 陆菜平.组合煤岩的强度弱化减冲原理及其应用[D].徐州:中国矿业大学,2008.

[55] 牟宗龙,窦林名,曹安业,等.采矿地球物理学基础[M].徐州:中国矿业大学出版社,2018.

[56] 牟宗龙,窦林名,李位民.顶板岩层诱发冲击矿压的机理[M].徐州:中国矿业大学出版社,2013.

[57] 牟宗龙.顶板岩层诱发冲击的冲能原理及其应用研究[D].徐州:中国矿业大学,2007.

[58] 潘俊锋,毛德兵,等.冲击地压启动理论与成套技术[M].徐州:中国矿业大学出版社,2016.

[59] 潘俊锋,齐庆新,刘少虹,等.我国煤炭深部开采冲击地压特征、类型及分源防控技术[J].煤炭学报,2020,45(1):111-121.

[60] 潘俊锋.冲击地压的冲击启动机理及其应用[D].北京:煤炭科学研究总院,2016.

[61] 潘立友,钟亚平.深井冲击地压及其防治[M].北京:煤炭工业出版社,1997.

[62] 潘一山,代连朋.煤矿冲击地压发生理论公式[J].煤炭学报,2021,46(3):789-799.

[63] 潘一山,王来贵,章梦涛,等.断层冲击地压发生的理论与试验研究[J].岩石力学与工程学报,1998,17(6):642-649.

[64] 潘一山,章梦涛.用突变理论分析冲击地压发生的物理过程[J].阜新矿业学院学报,1992,11(1):12-18.

[65] 潘一山,赵扬锋,马瑾.中国矿震受区域应力场影响的探讨[J].岩石力学与工程学报,2005,24(16):2847-2853.

[66] 潘一山.冲击地压发生和破坏过程研究[D].北京:清华大学,1999.

[67] 潘一山.煤矿冲击地压[M].北京:科学出版社,2018.

[68] 庞杰文.地应力场测量及其对冲击地压的影响研究[M].北京:煤炭工业出版社,2019.

[69] 佩图霍夫,等.冲击地压和突出的力学计算方法[M].段克信,译.北京:煤炭工业出版社,1994.

[70] 齐庆新,窦林名.冲击地压理论与技术[M].徐州:中国矿业大学出版社,2008.

[71] 齐庆新,李一哲,赵善坤,等.我国煤矿冲击地压发展 70 年:理论与技术体系的建立与思考[J].煤炭科学技术,2019,47(9):1-40.

[72] 齐庆新,潘一山,李海涛,等.煤矿深部开采煤岩动力灾害防控理论基础与关键技术[J].煤炭学报,2020,45(5):1567-1584.

[73] 齐庆新,史元伟,刘天泉.冲击地压黏滑失稳机理的实验研究[J].煤炭学报,1997,22(2):144-148.

[74] 钱鸣高,缪协兴,许家林,等.岩层控制的关键层理论[M].徐州:中国矿业大学出版社,2003.

[75] 钱鸣高,石平五.矿山压力与岩层控制[M].徐州:中国矿业大学出版社,2003.

[76] 钱七虎.岩爆、冲击地压的定义、机制、分类及其定量预测模型[J].岩土力学,2014,35(1):1-6.

[77] 曲效成,姜福兴,于正兴,等.基于当量钻屑法的冲击地压监测预警技术研究及应用[J].岩石力学与工程学报,2011,30(11):2346-2351.

[78] 沈威.煤层巷道掘进围岩应力路径转换及其冲击机理研究[D].徐州:中国矿业大学,2018.

[79] 宋大钊,王恩元,刘晓斐,等.煤岩循环加载破坏电磁辐射能与耗散能的关系[J].中国矿业大学学报,2012,41(2):175-181.

[80] 孙强,刘晓斐,薛雷.煤系岩石脆性破坏临界电磁辐射信息分析[J].应用基础与工程科学学报,2012,20(6):1006-1013.

[81] 王桂峰,窦林名,李振雷,等.支护防冲能力计算及微震反求支护参数可行性分析[J].岩石力学与工程学报,2015,34(增刊 2):4125-4131.

[82] 王金安,李飞.复杂地应力场反演优化算法及研究新进展[J].中国矿业大学学报,2015,44(2):189-205.

[83] 王树仁,程玉生.钻眼爆破简明教程[M].徐州:中国矿业大学出版社,1989.

[84] 王正义,窦林名,王桂峰.动载作用下圆形巷道锚杆支护结构破坏机理研究[J].岩土工程学报,2015,37(10):1901-1909.

[85] 吴建星,刘佳.矿山微震定位计算与应用研究[J].武汉科技大学学报,2013,36(4):308-310,320.

[86] 吴向前.保护层的降压减震吸能效应及其应用研究[D].徐州:中国矿业大学,2012.

[87] 谢和平,PARISEAU W G.岩爆的分形特征和机理[J].岩石力学与工程学报,1993,12(1):28-37.

[88] 谢和平,彭苏萍,何满潮.深部开采基础理论与工程实践[M].北京:科学出版社,2006.

[89] 谢龙.褶皱区特厚煤层巷道底板冲击机理及防治研究[D].徐州:中国矿业大学,2013.

[90] 谢兴楠,叶根喜,柳建新.矿山尺度下微震定位精度及稳定性控制初探[J].岩土工程学报,2014,36(5):899-904.

[91] 徐学锋.煤层巷道底板冲击机理及其控制研究[D].徐州:中国矿业大学,2011.

[92] 徐曾和,徐小荷,唐春安.坚硬顶板下煤柱岩爆的尖点突变理论分析[J].煤炭学报,1995,20(5):485-491.

[93] 杨善元.岩石爆破动力学基础[M].北京:煤炭工业出版社,1993.

[94] 尹光志,李贺,鲜学福,等.煤岩体失稳的突变理论模型[J].重庆大学学报,1994,17(1):23-28.

[95] 翟明华,姜福兴,齐庆新,等.冲击地压分类防治体系研究与应用[J].煤炭学报,2017,42(12):3116-3124.

[96] 章梦涛,徐曾和,潘一山,等.冲击地压和突出的统一失稳理论[J].煤炭学报,1991,16(4):48-53.

[97] 章梦涛.冲击地压失稳理论与数值模拟计算[J].岩石力学与工程学报,1987,6(3):197-204.

[98] 张宁博.断层冲击地压发生机制与工程实践[D].北京:煤炭科学研究总院,2014.

[99] 张茹,谢和平,刘建锋,等.单轴多级加载岩石破坏声发射特性试验研究[J].岩石力学与工程学报,2006,25(12):2584-2588.

[100] 张晓春,缪协兴,杨挺青.冲击矿压的层裂板模型及实验研究[J].岩石力学与工程学报,1999,18(5):507-511.

[101] 张晓春,缪协兴,翟明华,等.三河尖煤矿冲击矿压发生机制分析[J].岩石力学与工程学报,1998,17(5):508-513.

[102] 赵本钧.冲击地压及其防治[M].北京:煤炭工业出版社,1995.

[103] 朱权洁,姜福兴,王存文,等.微震波自动拾取与多通道联合定位优化[J].煤炭学报,2013,38(3):397-403.

[104] 左宇军,李夕兵,张义平.动静组合加载下的岩石破坏特性[M].北京:冶金工业出版社,2008.

[105] CAI W,DOU L M,GONG S Y,et al.Quantitative analysis of seismic velocity tomography in rock burst hazard assessment[J].Natural hazards,2015,75(3):2453-2465.

[106] CAI W,DOU L M,HE J,et al.Mechanical genesis of Henan (China) Yima thrust nappe structure[J].Journal of Central South University,2014,21(7):2857-2865.

[107] CHEN X H,LI W Q,YAN X Y.Analysis on rock burst danger when fully-mechanized caving coal face passed fault with deep mining[J].Safety science,2012,50(4):645-648.

[108] DOU L M,CHEN T J,GONG S Y,et al.Rockburst hazard determination by using computed tomography technology in deep workface[J].Safety science,2012,50(4):736-740.

[109] DOU L M,HE X Q,HE H,et al.Spatial structure evolution of overlying strata and inducing mechanism of rockburst in coal mine[J].Transactions of nonferrous metals society of China,2014,24(4):1255-1261.

[110] DOU L M,MU Z L,LI Z L,et al.Research progress of monitoring,forecasting, and prevention of rockburst in underground coal mining in China[J].International journal of coal science & technology,2014,1(3):278-288.

[111] FAN J,DOU L M,HE H,et al.Directional hydraulic fracturing to control hard-roof rockburst in coal mines[J].International journal of mining science and technology,2012,22(2):177-181.

[112] HE H,DOU L M,FAN J,et al.Deep-hole directional fracturing of thick hard roof for rockburst prevention[J].Tunnelling and underground space technology,2012, 32:34-43.

[113] HE H,DOU L M,LI X W,et al.Active velocity tomography for assessing rock burst hazards in a kilometer deep mine[J].Mining science and technology (China),2011,21(5):673-676.

[114] HE X Q,CHEN W X,NIE B S,et al.Electromagnetic emission theory and its application to dynamic phenomena in coal-rock[J].International journal of rock mechanics and mining sciences,2011,48(8):1352-1358.

[115] HOSSEINI N,ORAEE K,SHAHRIAR K,et al.Passive seismic velocity tomography and geostatistical simulation on longwall mining panel[J].Archives of mining sciences,2012,57(1):139-155.

[116] HOSSEINI N,ORAEE K,SHAHRIAR K,et al.Passive seismic velocity tomography on longwall mining panel based on simultaneous iterative reconstructive technique (SIRT) [J].Journal of Central South University,2012,19(8): 2297-2306.

[117] HOSSEINI N,ORAEE K,SHAHRIAR K,et al.Studying the stress redistribution around the longwall mining panel using passive seismic velocity tomography and geostatistical estimation[J].Arabian journal of geosciences,2013,6(5):1407-1416.

[118] IANNACCHIONE A T,TADOLINI S C.Occurrence,predication,and control of coal burst events in the US[J].International journal of mining science and technology,2016,26(1):39-46.

[119] LU C P,DOU L M,LIU B,et al.Microseismic low-frequency precursor effect of bursting failure of coal and rock[J].Journal of applied geophysics,2012,79:55-63.

[120] LU C P,DOU L M,ZHANG N,et al.Microseismic frequency-spectrum evolutionary rule of rockburst triggered by roof fall[J].International journal of rock mechanics and mining sciences,2013,64:6-16.

[121] LU C P,LIU G J,LIU Y,et al.Microseismic multi-parameter characteristics of rockburst hazard induced by hard roof fall and high stress concentration[J].

International journal of rock mechanics and mining sciences,2015,76:18-32.

[122] PENG S S.Topical areas of research needs in ground control:a state of the art review on coal mine ground control[J].International journal of mining science and technology,2015,25(1):1-6.

[123] SHEN W,DOU L M,HE H,et al.Rock burst assessment in multi-seam mining:a case study[J].Arabian journal of geosciences,2017,10(8):1-11.

[124] WANG E Y,HE X Q,WEI J P,et al.Electromagnetic emission graded warning model and its applications against coal rock dynamic collapses[J].International journal of rock mechanics and mining sciences,2011,48(4):556-564.

[125] WANG G F,GONG S Y,LI Z L,et al.Evolution of stress concentration and energy release before rock bursts:two case studies from Xingan coal mine,He-gang,China[J].Rock mechanics and rock engineering,2016,49(8):3393-3401.

[126] WANG Z Y,DOU L M,XIE J H,et al.Dynamic analysis of roadway support of rockburst in coal mine[J].Electronic journal of geotechnical engineering,2016,21(25):9995-10015.

[127] ZHU G A,DOU L M,CAI W,et al.Case study of passive seismic velocity tomography in rock burst hazard assessment during underground coal entry excavation[J].Rock mechanics and rock engineering,2016,49(12):4945-4955.